黄淮海冬小麦适应气候变化技术研究

林同保　王志强　何霄嘉　许吟隆　主编

科 学 出 版 社

北 京

内 容 简 介

本书共分 7 章，首先介绍黄淮海冬麦区的小麦生产概况、生态区划、气候特点和变化特征，然后从冬小麦生产环境、生长发育、生产过程等方面阐述了气候变化对冬小麦生产的影响，分析气候变化条件下冬小麦生产的脆弱性以及适应机制；在适应机制分析的基础上，梳理冬小麦适应气候变化的策略和技术途径，并按照不同生态区的气候变化特点进行冬小麦适应气候变化的技术集成；最后基于试验结果，总结主要应变技术在代表性生态区的示范效果。

本书适合农业类研究生、本科生和农业科研、技术人员阅读，也可作为农业类高职高专老师教学、学生扩展学习的参考读本。

图书在版编目（CIP）数据

黄淮海冬小麦适应气候变化技术研究/林同保等主编. —北京：科学出版社, 2018.1
　ISBN 978-7-03-054081-2

Ⅰ. ①黄… Ⅱ. ①林… Ⅲ. ①黄淮海平原–冬小麦–气候变化–适应性–栽培技术–研究 Ⅳ. ①S512.1

中国版本图书馆 CIP 数据核字(2017)第 177066 号

责任编辑：李秀伟 / 责任校对：郑金红
责任印制：张　伟 / 封面设计：北京铭轩堂广告设计有限公司

科 学 出 版 社 出版
北京东黄城根北街 16 号
邮政编码：100717
http://www.sciencep.com
北京教图印刷有限公司 印刷
科学出版社发行　各地新华书店经销
＊
2018 年 1 月第　一　版　　开本：787×1092　1/16
2018 年 1 月第一次印刷　　印张：8
字数：190 000
定价：**98.00 元**
(如有印装质量问题，我社负责调换)

《黄淮海冬小麦适应气候变化技术研究》
编委会

前　言

气候变化问题已成为威胁人类生存的重大环境问题。作物的露天生产特性决定了其必然受到气候变化的深刻影响。黄淮海是我国冬小麦的主要产区，在"十二五"国家科技支撑计划"北方重点地区适应气候变化技术开发与应用"的项目资助下，河南农业大学、国家小麦工程技术研究中心、中国农业科学院等单位联合攻关，从品种、水肥、耕作、植保等多角度，针对气候变化引发的干旱加剧、温度异常、病虫害加剧等问题，研发了与区域气候变化相适应的黄淮海地区冬小麦种植关键技术，构建了适应区域气候变化特点的作物高效、安全和环境友好型生产模式及配套集成技术体系，并进行了适应气候变化综合集成技术的示范和推广。在此基础上，把相关技术资料吸纳整理、系统梳理，并在具体技术细节上广泛征求相关省（自治区、直辖市）本领域专家的意见，形成了本书呈现给读者的框架结构与内容。

本书共 7 章内容。第 1 章绪论，主要介绍了黄淮海冬小麦生产概况、黄淮海冬麦区的气候特点以及研究气候变化对黄淮海冬小麦生产影响与适应对策的意义；第 2 章黄淮海地区气候变化特征，主要介绍了黄淮海冬小麦生态类型区划分、气候变化趋势分析和极端气候事件变化分析；第 3 章气候变化对黄淮海冬小麦生产的影响，主要介绍了气候变化对冬小麦生产环境、生长发育、品种利用、产量和品质、生产过程等方面的影响，以及极端气候事件对冬小麦生产的影响；第 4 章气候变化下冬小麦生产脆弱性与适应机制，主要从冬小麦生产受气候变化影响的脆弱性和未来风险、冬小麦生产适应极端事件机理两方面做了分析；第 5 章黄淮海冬小麦适应气候变化策略与技术途径，包括冬小麦适应气候变化整体趋势策略分析、冬小麦针对主要极端天气气候事件的应变技术、冬小麦应对环境改变的防控技术；第 6 章黄淮海冬小麦适应气候变化技术集成，主要分区介绍了不同区域冬小麦适应气候变化的集成技术；第 7 章黄淮海适应气候变化技术研究和示范效果分析，介绍了主要应变技术在代表性试验点的示范效果。

本书由河南农业大学负责组织编写，林同保教授担任第一主编，共同主编有河南农业大学王志强教授、中国 21 世纪议程管理中心何霄嘉博士和中国农业科学院许吟隆研究员，参加编写人员除河南农业大学的研究人员外，还有河南省农业厅、修武县台湾农民创业园管委会、郑州市气象局等单位的相关技术人员。

本书的第 1 章由林同保、程芳芳编写，第 2 章由许吟隆、高翔编写，第 3 章由辛泽毓、何霄嘉编写，第 4 章由王晨阳、卢红芳编写，第 5 章由冯伟、曲奕威编写，第 6 章由王志强、孙会娜编写，第 7 章由任永哲、梁威威编写。初稿集中后由林同保、王志强汇总合并，以解决全书术语、用词、单位等统一问题。最后由林同保、王志强通篇校稿。本书引用的参考文献分列于每章后，以便读者进一步查阅。

中国农业大学郑大玮教授详读全稿并提出了宝贵的修改意见，科学出版社生物分社李秀伟副编审对文稿做了认真审阅和格式校排，本书的出版也得到了科学出版社的大力支持。在此，我们一并对本书出版提供帮助的单位和个人表示衷心的感谢。

由于本书涉及学科广，又包含一些新技术发展，再加上技术资料有限、水平不足、时间仓促等因素，文中不足之处在所难免，敬请读者指正。

编　者

2017 年 7 月 18 日

目　录

第1章 绪 论

1.1 黄淮海冬小麦生产概况

黄淮海地区种植小麦的历史可以追溯到商周时期，一般认为小麦起源于西亚后传至中国。春秋时期小麦种植已经极为普遍，根据《左传》的记载，当时小麦的主要产地分布在"温"、"陈"、"齐"、"鲁"、"晋"，分别对应现代的河南省温县地区、河南省东部及安徽北部地区、山东省东北部及河北省东南部地区、山东省南部、山西及河北地区。经千百年的发展，约在明朝末年小麦成为中国北方最重要的粮食作物。我国小麦栽培是在不断发展的，尤其是在中华人民共和国成立后发展更快，发展速度超过其他各种粮食作物。与1949年相比，1979年小麦产量提高了4.54倍，2015年我国小麦产量为1.3亿t，约是1979年的2.2倍。2015年我国小麦产量前5位省份分别为河南、山东、河北、安徽、江苏，这5个省份小麦产量占全国总产量的75.8%。

小麦作为中国第三大粮食作物、两大口粮之一，2015年产量达1.3亿t，占我国粮食总产量的20.93%，在农业生产及国民经济中占有重要地位。黄淮海地区作为中国最重要的小麦主产区，其区位优势、地理位置十分突出，黄淮海冬小麦种植区包含北京、天津、河北、河南、山东、安徽、江苏7个省（直辖市）局部或大部分区域，麦区面积约2.4亿亩[①]，近年来小麦产量在1亿t以上。我国小麦近10年连续增产，总产量从2003年的8650万t提高到2013年的1.22亿t；单位面积产量从4.0 t/hm^{2}提高到5.1 t/hm^2，单位面积产量提高了1.1 t/hm^2，增产幅度达27.5%，而这10年中玉米增产为14%，水稻增产为8%，在我国粮食10年增产中，黄淮海地区的小麦丰收起到了重要的支撑作用。豫东平原、皖北平原、苏北平原、鲁西南平原东西连成一片，常年小麦播种面积在1300万hm^{2}左右，占全国冬小麦面积的56%左右，总产量达9341万t，占全国小麦总产量的67%以上，其单产和总产均已超过世界小麦主产区，包括美国、俄罗斯、加拿大、澳大利亚等国家，是我国冬小麦面积最大、生态适应性最好的地区，也是中国强筋、中筋优质小麦生产基地，生产潜力大，小麦机械化程度高，已成为我国和世界小麦高产、优质、高效的黄金区域，对全国粮食产量影响十分重大（康勇等，2013）。黄淮海地区冬小麦大多与夏玉米复种，北部少数地区实行春玉米—冬小麦—夏玉米两年三熟制。

黄淮海冬麦区小麦生产举足轻重，但在生产中仍存在大量问题。最主要的是小麦生育期间突发性灾害增多，常常遭受干旱、低温冻害、干热风和病虫危害，给小麦生产造成损失。农业抗灾减灾能力仍然较低，现有的生产条件还不能适应小麦持续高产稳产的需要。

---

① 1亩≈666.67m^2。

1.2 黄淮海冬麦区气候特点

黄淮海冬麦区位于 32°～42°N、113°～120°E。地处暖温带，属季风气候，四季变化明显，由南至北从湿润气候向半干旱气候过渡。年均温和年降水量由南向北随纬度增加而递减。冬季干燥寒冷，夏季高温多雨，春季干旱少雨，蒸发强烈。春季旱情较重，夏季常有洪涝。热量资源较丰富，黄淮海地区年均温 14～15℃，南北相差 2～3℃。全区 0℃以上积温为 4500～5500℃·d，≥10℃积温为 3800～4900℃·d，无霜期 190～220 天。年降水量 500～800 mm。光资源丰富，增产潜力大。降水量不够充沛，集中于生长旺季，地区、季节、年际间差异大。小麦生长期（10 月～翌年 6 月）内光温资源十分优越，但期内降水量一般小于 300 mm，不能满足冬小麦正常 400～550 mm 的需水量（徐建文等，2014）。

黄淮海地区在小麦种植期间，有秋季气温适宜、光照充足，冬季温和（除北部冬季气温相对稍低），春季气温回升快，入夏温度较高等特点，形成了黄淮海冬小麦全生育期长、分蘖期长、籽粒灌浆期短的"两长一短"的生育特点。具体来看，黄淮海冬小麦播种期一般在 9 月下旬至 10 月下旬，10 月底至 12 月上中旬即可进入第一个分蘖盛期，翌年的 2 月中下旬至 3 月上中旬进入第二个分蘖盛期，而且在黄淮海冬麦区表现出分蘖越冬不停止的情况，因此，黄淮海冬麦区分蘖期跨度时间长，为保证成穗数留下了充足的调节时间。由于黄淮海冬麦区冬季平均在 0℃左右，在 10 月下旬和 11 月上中旬即可进入幼穗分化期，持续至翌年 4 月中下旬，历时 160～170 天，此时旗叶全部展开，小麦处于孕穗期；而北部冬麦区由于冬季气温较低，在 2 月下旬至 3 月中旬才陆续进入幼穗分化期，4 月下旬和 5 月上旬结束，历时 40～70 天，这一地区主要是北京、天津地区和河北北部，占整个黄淮海冬麦区面积较小，因此，在幼穗分化期上表现为黄淮海冬麦区分蘖期长，而北部冬麦区分蘖期短的特点。在进入小麦抽穗期以后，气温急剧上升，而且比较干旱，至 5 月下旬，小麦正处于灌浆中后期，往往遇到干热风的侵袭，造成高温逼熟，一般情况下，黄淮海冬小麦从抽穗开花到成熟也只有 40 天左右的时间，占整个生育时期的 18%～20%。

1.3 研究气候变化对黄淮海冬小麦生产影响与适应对策的意义

黄淮海冬麦区作为重要的粮食生产基地，利用我国 7.7% 的水资源生产了全国 39.2% 的粮食，供给全国 34.3% 的人口，GDP 占全国的 32.4%（崔静等，2011）。虽然黄淮海地区 20 年来冬小麦产量均呈显著增加趋势，但气候变暖和极端事件的不确定性，以及人口增加、城市化率提高，水资源供需矛盾将日益凸显。据相关研究预测：未来气候变化情景下，农业生产不稳定性增加、产量波动大、种植熟制变化大。CO_2 倍增、气候变暖、降水减少及其协同作用将影响黄淮海冬小麦的生长发育、产量和品质，甚至区域作物的生产力。随着温度升高，积温增加，北部冬小麦全生育期缩短，但越冬休眠期的缩短反而使有效生育期延长。种植制度和品种布局发生改变，土壤蒸发量加大，水资源的分布将是影响产量的主要因素，黄淮海冬小麦产量波动的气候风险性增加。大气 CO_2 浓度升高，对冬小麦增产有利的同时会造成冬小麦品质下降。因此，客观评价气候变化发展趋势及其对该地区的小麦生产影响，可以达到趋利避害、指导生产、合理有效利用气候资源的目的。同时，针对气候变化制定黄淮海地区小麦生产适应对策和措施，如优化种植制度和布局，选育优良抗逆品种，加强农业气候灾害预警防控，加快农业基础设施建设等，以缓解气候变化对黄淮海地区小麦生产造成的不利影响（钱凤魁等，2014）。

参 考 文 献

崔静，王秀清，辛贤，等. 2011. 生长期气候变化对中国主要粮食作物单产的影响. 中国农村经济，321(09): 13-22.

杜青林. 2007. 中国农业通史. 北京: 中国农业出版社.

康勇，许泉，何友，等. 2013. 黄淮海冬小麦丰产措施与配套技术. 种子世界，373(12): 36-37.

钱凤魁，王文涛，刘燕华. 2014. 农业领域应对气候变化的适应措施与对策. 中国人口·资源与环境，24(05): 19-24.

徐建文，居辉，刘勤，等. 2014. 黄淮海平原典型站点冬小麦生育阶段的干旱特征及气候趋势的影响. 生态学报，34(10): 2765-2774.

第 2 章 黄淮海地区气候变化特征

2.1 黄淮海冬小麦生态类型区划分

黄淮海地区的主体为黄河、淮河与海河及其支流冲积而成的黄淮海平原。行政区划范围大致包括北京、天津、河北、河南、山东、江苏、安徽 7 个省（直辖市）的部分区域。该区总面积约 $5.0 \times 10^7 \, hm^2$，农田面积约 $2.6 \times 10^7 \, hm^2$，每年小麦产量约占全国的 55.5%。该区域横跨近千公里，南北两端常年平均气温相差可达 2～3℃，年降水量相差近 500 mm，气候存在很大差异，以致该区域内小麦生产方式存在多样性。

为细化研究该区内气候变化特征及其对小麦生产的影响，可将该区域划分为海河平原北区、海河平原南区、黄淮平原区、沿淮平原区。划分依据主要考虑了气候因子、小麦生产方式，另外考虑到各行政区内农业政策的差异。本研究在划定各区域边界时，兼顾气候要素与自然地理地貌，并结合与之相近的行政区划分界。

海河平原北区：主要由燕山及太行山山前冲积平原组成，地势开阔平坦。该区的南北边界参考了《中国小麦学》（金善宝，1996）中北方冬麦区中燕太山麓平原副区的南北边界，北起长城沿燕山南麓，西依太行山，东达海滨，南迄滹沱河及沧州一线以北地区，其中主要包含北京、天津及河北省境内唐山、秦皇岛、保定、廊坊。区内有燕山及太行山作屏障，故气候温暖，区内平原年平均气温在 11～13℃，无霜期 180～190 d/a，年降水量 500～700 mm，小麦生育期间降水量 150～215 mm，春旱严重，年日照时数为 2600～2900 h。正常年份冬小麦虽均可安全越冬，但低温冷冻和干旱年份，以及播期偏晚和春季寒流发生年份，偏北地区常发生冻害死苗。该区小麦播种面积约为 $7.92 \times 10^5 \, hm^2$，单产 5341.8 kg/hm^2。冀东至沧州地区沿海一带，地势低洼，地下水位高，水质矿化度高，土地多涝洼盐碱，小麦产量低。冀中的廊坊、保定以及北京、天津等平原地区，地势平坦，热量条件较好，可一年两熟，随着城市的扩展和水资源的日益枯竭，小麦播种面积急速减少。例如，2016 年北京地区小麦播种面积由以往的 13 多万 hm^2 锐减为 1 万 hm^2，小麦生产在当地农业中的比重不断下降。

海河平原南区：该区域属暖温带，西至太行山麓，南至黄河，东至海滨，北至滹沱河、沧州一线。主要包括河北省石家庄、衡水、沧州、邢台、邯郸地区，山东省聊城、德州全境及滨州、济南、东营等黄河以北区域，河南省安阳、濮阳、鹤壁、新乡的平原地区。区内年平均温度 12～14℃，无霜期 200～220 d/a，年降水量在 500～700 mm，小麦生育期降水约为 200 mm，常有干旱灾害，年日照时数为 2600～2900 h。该区种植小麦 $6.90 \times 10^6 \, hm^2$ 左右，单产约为 6500 kg/hm^2。区内光热条件充足，土地平整，是最适宜小麦生产的地区之一，种植制度以一年两熟为主，且以小麦和夏玉米复种为主要方式。该区域与黄淮平原区域较为相似，不同之处在于降水量和水资源较少，常有干旱发生。

黄淮平原区：该区属暖温带，西至太行、伏牛山麓，北至黄河，东至山东丘陵（不含），南至淮河平原以北。主要为河南省境内黄河以南的郑州、开封、商丘、周口、许昌、漯河地区，安徽省亳州、淮北、宿州地区，山东省菏泽及江苏省徐州地区。区内年平均温度 13～15℃，无霜期 200～220 d/a。年降水量 700～900 mm，小麦生育期一般有 300 mm 左右降水，基本不受干旱危害，但由于年度间变化大和季节间分布不均，南部也时有旱害发生，有时还可能发生涝害。年日照时数为 2200～2400 h。区内小麦播种面积约为 $4.30×10^6 hm^2$，单产约 $6800 kg/hm^2$。种植制度以一年两熟为主，且以小麦和夏玉米复种为主要方式。同样，该区也为大平原区域，光温资源充足，雨量也较为充沛，该区与海河平原南区共同构成我国最大的小麦生产区，区内单产、总产均为全国最高，是整个黄淮海冬麦区的精华所在。

沿淮平原区：该区属暖温带与亚热带过渡区域，主要包含淮河流经的河南省驻马店、信阳地区，安徽阜阳、蚌埠、淮南地区，江苏的淮安、宿迁等地。该区气候温和湿润，雨量充沛，水资源丰富。年平均气温 15℃ 左右，无霜期 200～230 d/a，年降水量 850～1200 mm，小麦生育期间降水量为 346～650 mm，较宜于小麦生长。区内偶有湿害和赤霉病发生。区内小麦播种面积约 $2×10^6 hm^2$，平均单产约 $5700 kg/hm^2$，小麦种植方式以水旱并存的一年两熟制为主。无论是旱地还是水田土壤耕整质量均较差，小麦种植与管理较为粗放，生产水平一般。受农村青壮年劳动力大量外出务工等因素影响，耕作管理以中小型拖拉机耕作为主，耕层变浅，犁底层明显加厚。另外，部分农户秸秆还田后直接旋耕播种小麦，造成浅层墒散失严重，播种层根茬比例过大（孔令聪等，2013）。由于该区属南北气候过渡地带，其自然环境、生态条件和耕作栽培制度决定了小麦病害发生偏重。随着小麦生产水平的提高，水肥条件改善、秸秆大面积还田，赤霉病、锈病、白粉病、纹枯病有加重发生趋势（陈金平，2009）。

2.2　气候变化趋势分析

受全球气候变暖的影响，黄淮海地区在小麦生长期内气温持续升高，日照时数持续降低，降水量总体上呈减少趋势。这与北半球的气候变化趋势大体相同，但具体到黄淮海内的各生态区，其变化又有其独特性。本节基于 1954～2014 年的气象数据［来源于国家气象信息中心（中国气象局气象数据中心）］与相关文献，对 4 个小麦生态区的气象要素的变化趋势进行比较分析。

2.2.1　海河平原北区气候变化特征

海河平原北区气温随时间变化呈现增加趋势，平均气温增温趋势为 0.100℃/10a。平均最高气温增温趋势为 0.088℃/10a；平均最低气温增温趋势为 0.796℃/10a。≥0℃ 积温在 4600～5100℃·d。区内北部河北省境内地区增加幅度最大。该区地理位置相对靠北，增温趋势更为明显。由于气温升高导致积温增加，小麦生长期的热量资源增加。区内平均降水量总趋势以每年 1.72 mm 的变化率减少，这种减少主要是由夏季、冬季降水量减少引起的，尤以夏季最为显著，变化率为–3.26 mm/a，而在春、秋两季降水量则呈现出增加的趋势，变化率分别为 0.34 mm/a 和 0.77 mm/a。年平均极端强降水量、频数、强度呈现显著的减少趋势，1994 年以后减少尤其明显，1994～2014 年比 1954～1994 年分别减少了 56.8 mm、1.1 天、3.9 mm/d。区内日照时数呈明显的减少趋势，减少 281 h，变化趋势为–58.5 h/50a。

2.2.2 海河平原南区气候变化特征

海河平原南区年平均气温随时间变化呈现增加趋势，平均气温变化倾向率为 0.437℃/10a，年份最高、最低气温变化倾向率分别为 0.756℃/10a 和 0.072℃/10a，可见该区呈现出非对称的增温趋势。年降水量也有明显的下降趋势，2004～2014 年较 1954～1964 年 10 年间，年平均降水量下降了 66 mm，降水量变化倾向率为 75.9 mm/10a，降水的减少主要是由夏季降水量减少引起的，冬、春两季降水还略有上升趋势，这有利于当地小麦的生长。该区日照时数变化没有明显的趋势，年代间变化也较小，只有 1964～1974 年达到 2624.56 h/a，高出其他年代 200～300 h。

2.2.3 黄淮平原区气候变化特征

黄淮平原区年平均气温随时间变化增加趋势并不明显，但年平均最高、最低气温在时间变化上呈现非对称性增长，平均最低气温变化倾向率为 0.237℃/10a；平均最高气温变化倾向率为 0.053℃/10a，前者增温幅度约为后者的 4.5 倍（常军等，2011），在年代际变化中，≥0℃积温随着年代的变化也是增加的，20 世纪 90 年代增加较为明显，比 50 年代增加了 137.1℃·d。各区域总体趋势也是增加的，但变化幅度不同。黄淮平原区年平均降水量变化不显著，但存在明显的年（代）际变化特征，空间分布上由山前向滨海呈逐渐减弱后增强的趋势。黄淮平原区日照时数呈下降趋势，倾向率为–11.4 h/a。近 60 年间，该区域内河南省年日照时数平均约下降了 480 h。20 世纪 60～70 年代年日照时数在平均值 2103 h 以上，80 年代开始年日照时数降至平均值以下。河南省各年代年均日照时数变化：20 世纪 60 年代开始年日照时数呈递减趋势，80 年代年日照时数骤减，年均日照时数比 60 年代减少 335 h，比 70 年代减少 19 h；进入 21 世纪初的近 6 年，年日照时数更是急剧减少，比 60 年代减少 466 h，比 90 年代减少 142 h。年日照时数最大值为 2444 h，出现在 1965 年；最小值为 1664 h，出现在 2003 年（姬兴杰等，2013）。同样在该区内的山东济宁市的年日照时数正以 70.12 h/10a 的倾向率减少，春、夏、秋、冬各季均有减少的趋势，夏季减少最快，冬季次之，春、秋两季减少最慢。

2.2.4 沿淮平原区气候变化特征

沿淮平原区年平均温度也略呈上升趋势，但不显著。该区在小麦发育的营养生长时期，≥0℃积温明显增加。淮北平原区年降水量常年在 600 mm 左右，变化趋势不显著。该区降水基本上能够满足冬小麦的生长需要，小麦生育期内水分资源充足，但该区降水量的时间变化的变异系数增加,导致发生旱涝灾害的风险加大。沿淮平原区自 1960 年起平均日照时数持续减少,夏、冬两季下降显著,春、秋季则基本无变化。区域内各站点近 50 年的日照时数以平均 66.35 h/10a 的气候倾向率下降,其中,夏季日照时数减少最快,春季日照时数减少最慢;各月日照时数减少最多的是 8 月,减少最少的是 4 月。

2.3　极端气候事件变化分析

2.3.1　黄淮海冬麦区干旱发生规律

近 60 年来,冬小麦生长季内黄淮海地区有干旱先缓解后加重的趋势。在 1954~1988 年,相对湿润度呈现增加的趋势,也就是干旱减弱的趋势。而在 1989~2014 年,相对湿润度呈明显减小的趋势,即出现干旱加重的趋势。总之,虽然在整个分析期内冬小麦生长季干旱减轻,但是在近 20 年干旱出现了加重,且干旱加重的趋势为一种突变现象(安华等,2013)。

黄淮海地区的干旱分布表现为由南向北干旱程度递增的趋势,季节特征为春季和冬季较干旱。海河平原南北两区多为干旱区域,黄淮平原有所缓解,沿淮平原区则多为无旱区。具体到季节内为,春季,河北东南部及北京、天津西南部地区为重旱地区;天津东北部、唐山、河北西南部、河南黄河以北及山东兖州以北为中旱区域;在郑州与兖州一带至淮河流域之间的区域表现为轻旱特征。夏季,整个黄淮海地区都表现为湿润的特征。秋季,在整个黄淮海区域的黄河以北地区均表现为轻旱的特征,其余为湿润地区。冬季为黄淮海地区干旱程度最为严重的季节,北京西南部小部分地区出现特旱,而且整个黄河以北区域及济南至泰山一带都表现为重旱的特征,受旱面积达到整个黄淮海区域的一半左右;另外,山东南部及河南开封至西华一带呈中旱的特征;江苏与安徽的淮河以北及河南的驻马店至商丘一带表现为轻旱的特征。干旱的分布由南向北呈带状分布主要与黄淮海流域水系的纬向分布有关,且黄河以北的地区干旱较为严重,淮河以南基本为无旱区域(徐建文等,2014)。

2.3.2　黄淮海冬麦区极端降水发生规律

黄淮海冬麦区极端降水事件各指标存在明显的年代际特征,总体呈弱减少趋势,20 世纪 60~70 年代为极端降水偏多时段,而 80 年代以来为极端降水偏少阶段。燕太平原区、黄淮平原区内河南河北两省交界处发生重度和极度洪涝的频率相对较高。

黄淮海流域旱涝变化具有明显的空间分布特征,第一特征场最为典型,海河、黄河流域与淮河流域旱涝呈反位相变化分布型;第二特征场显示该流域呈现以 37°N 为界的南北旱涝纬向反位相分布。

极端强降水量在大部分区域都呈现减少趋势,显著减少的台站主要分布在海河入海口附近、海河北系的部分区域以及海河南系的局部区域;虽有部分区域呈现增加趋势,但均不显著；极端强降水频数减少和增加趋势的空间分布形式与极端强降水量类似；极端强降水强度的显著减少趋势范围较极端强降水量有所缩小（徐建文等，2014）。

2.3.3 黄淮海冬麦区低温灾害发生规律

全球气候变暖背景下我国中高纬度冬季温度升高明显，人们为追求高产趋于选择产量潜力大、抗冻能力相对较弱的小麦品种。由于冬小麦品种选择不当，黄淮海冬麦区冬小麦冻害发生频率非减反增，究其原因是冬季气温波动较大、冬春性品种选择不合理、冬前栽培管理措施不到位、小麦弱苗偏多等。所以燕太平原区、黄淮平原区小麦初冬、越冬冻害风险减小，早春晚霜、冻害风险增加，淮北平原区因气温背景值较高，则相对风险较小。有些地方没有随着秋季变暖和采用冬性较弱的品种而相应推迟播期，导致冬前生长过旺和过早开始幼穗分化，对低温的抵抗力明显下降。

从冻害发生分布上看，山东中部和东南部，河南西部等地是冬小麦低温灾害发生频次较高的地区；冬小麦主产区的河南南部、山东中西部、河南中东部等地冬小麦发生频次居中。在冬小麦各发育阶段，各区低温灾害发生频次总体上呈现随年代增加逐渐减少的趋势；但在越冬至返青、返青至拔节等发育阶段的频次减少较为突出；其余阶段灾害发生频次随年代变化起伏不一。其中，大部地区冬小麦在出苗至越冬前发生低温灾害的天数无明显变化趋势；河北南部、河南北部、山东南部等地冬小麦在抽穗开花至乳熟阶段发生低温灾害的天数在 21 世纪前 10 年呈现增多趋势，而返青至拔节阶段大部地区呈现急剧减少趋势；山东中南部冬小麦在乳熟至成熟阶段发生低温灾害的天数在 20 世纪 90 年代最多。由于黄淮海冬小麦各发育阶段发生低温灾害的极端值无明显年代际变化，提示各地重度低温灾害的发生概率仍然存在，且气候变暖可能导致各地冬小麦种植品种的改变，抗低温性能或许有所降低，一旦发生低温灾害，其破坏力可能会更强。

2.3.4 黄淮海冬麦区高温灾害发生规律

黄淮海地区小麦生产极易受到干热风的影响。作为一种气象灾害，干热风对小麦生长后期有极大影响。气候变暖背景下小麦对干热风发生的敏感性增加，在此背景下，预防和应对干热风在小麦生产中显得尤为重要。研究干热风必须了解其发生规律。从干热风的发生频率上看，近 50 年来，黄淮海地区轻度、重度高温低湿型干热风出现的平均日数和过程次数均随时间的变化呈减少趋势，1960～1980 年和 2001～2010 年为缓慢减少时期，1981～2000 年为稳定时期，变化不明显。1968 年为干热风重灾年份，多地区均有发生，1987 年则危害最轻；近 50 年来，黄淮海冬麦区轻度、重度干热风灾害的年际变化很大。各地 20 世纪 60 年代干热风发生最严重。其次为 20 世纪 70 年代和最近 10 年。20 世纪 80、90 年代危害较轻；就空间平均分布状况而言，黄淮海冬麦区轻度和重度干热风年平均发生日数和干热风过程次数分布具有一致性，总体呈海河平原区、黄海平原区发生频率高的趋势，且地区间差异都很显著，同纬度地区的内陆高于沿海（赵俊芳等，2012）。危害程度上以河北省的北部和西北部、河南省的东南部一带等地干热风危害最轻，河北省南部、河南省西北部等地危害最重，该地作物产量受到冲击很大，生产相对更脆弱（钱锦霞和郭建平，2015）。除干热风外，高温逼熟和雨后高温导致的青枯也能造成较大危害，小麦在灌浆阶段遇到高温低湿或高温高湿天气，特别是雨后骤晴高温，小麦植株早衰逼熟，粒重减轻。从发生地区上看，高温逼熟灾害呈现北高南低的大致分布。对近 30 年高温逼熟灾害发生频率来看整体呈下降趋势。但这并不意味着高温逼熟的危害减小，忽视对其的防范与治理可能会遭受到更加严重的灾害（陈怀亮等，2005）。

参 考 文 献

安华, 延军平, 张涛涛, 等. 2013. 增暖背景下华北平原极端降水事件时空变化特征. 水土保持通报, 33(03): 144-148.

常军, 王纪军, 潘攀, 等. 2011. 近 50 年来河南最高最低气温的非对称性变化特征. 中国农业气象, 32(01): 1-5.

陈怀亮, 张雪芬, 邹春辉, 等. 2005. 河南省小麦青枯发生规律的 EOF 分析. 气象科技, 33(S1): 131-135.

陈金平. 2009. 豫南稻茬麦区小麦生态条件研究. 中国农学通报, 25(21): 156-160.

姬兴杰, 朱业玉, 顾万龙. 2013. 河南省参考作物蒸散量变化特征及其气候影响分析. 中国农业气象, 34(01): 14-22.

金善宝. 1996. 中国小麦学. 北京: 中国农业出版社.

孔令聪, 汪建来, 姜涛, 等. 2013. 安徽省小麦生产变化和特点及稳定发展的政策措施. 农业现代化研究, 34(05): 518-521, 532.

钱锦霞, 郭建平. 2012. 黄淮海地区冬小麦干热风发生趋势探讨. 麦类作物学报, 32(05): 996-1000.

徐建文, 居辉, 刘勤, 等. 2014. 黄淮海地区干旱变化特征及其对气候变化的响应. 生态学报, 34(02): 460-470.

赵俊芳, 赵艳霞, 郭建平, 等. 2012. 过去 50 年黄淮海地区冬小麦干热风发生的时空演变规律. 中国农业科学, 45(14): 2815-2825.

第3章 气候变化对黄淮海冬小麦生产的影响

3.1 对冬小麦生产环境的影响

3.1.1 对光照资源的影响

总体来说，黄淮海冬麦区光照资源比较充足，能够满足冬小麦的生长需求。在光照资源分布上存在地域差别，其中海河平原北部和黄河北部大部分地区的太阳总辐射都属于低值区域，年太阳辐射量小于 5100 MJ/m²；而太阳总辐射的高值区域主要分布于河北省北部地区，年太阳辐射量大于 5300 MJ/m²；黄河南部平原区和沿淮麦区都属于太阳总辐射的中值区域，年太阳辐射量为 5100~5300 MJ/m²。这些地区太阳总辐射量的不同，主要是不同的影响因素，如地形地势、气候和纬度高低等方面造成的（张峰和胡波，2013）。

随着全球气候的变化，雾霾天气增加，在整个生育期内，小麦遭遇弱光胁迫的概率大大增加。在黄淮海冬麦区，气候变化影响日照时数变化的趋势总体以减少为主，该区的日照时数在过去的四、五十年内平均每年下降 3.74~9.22 h，其中小麦生长季（每年 10 月到翌年 5 月）下降 2.98~3.67 h（金之庆等，2001；杨羡敏等，2005）。在淮北平原麦区，小麦灌浆期经常遭遇阴雨寡照的天气，生育后期特别是灌浆期阴雨寡照或弱光是影响小麦高产稳产的重要环境因素之一。并且近年来随着空气污染加重，雾霾天数增多，导致到达地球表面的太阳辐射总量大幅下降，且夏、秋、冬季日照下降显著，其中夏季下降幅度最大；研究表明从 1981 年开始，太阳辐射总量下降幅度呈加剧趋势（杨建莹等，2011a），小麦能够利用的光合有效辐射也受到相应的影响而下降。

3.1.2 对热量资源的影响

气温持续升高是全球气候变化最明显的特征之一，在气候变暖的大背景下小麦生长期内也出现显著而持续的增温现象。据数据统计显示，从 20 世纪 90 年代后期开始，黄淮海平原地区年平均气温升温率达到 0.04℃/a（朱新玉，2012），而近 100 年来全球地表平均温度仅上升了 0.74℃（秦大河等，2007）；从全国范围来看，暖温带有明显北移趋势，对农业生态系统影响较大（马洁华等，2010）。

统计显示，近 20 年来黄淮海地区冬小麦生长季内最高温度、平均温度和最低温度均呈上升趋势，平均每年分别增加 0.059℃、0.058℃和 0.062℃（陈群等，2014）。

随着温度升高，黄淮海冬麦区的小麦生育期明显缩短。具体表现为，越冬前生长发育期延长，越冬期缩短，返青后普遍提前，全生育期呈缩短趋势（陈群等，2014）。这些因素的变化导致在生产上，黄淮海地区冬小麦播种日期推迟，抽穗和成熟日期提前，而且黄淮平原区冬性较强的冬小麦提前最多，营养生长期缩短，平均每年缩短 0.41 天，生殖生长期延长，平均每年延长 0.24 天，因此整个生育进程平均每年缩短 0.17 天。仅有北部冬麦区由于 ≥0℃ 有效积温增加，出现越冬休眠期缩短、生长锥伸长期提前、幼穗分化期延长、有效生长期增加的现象（陈群等，2014）。随着气候变暖，最低气温升幅普遍大于最高气温升幅，导致气温日较差缩小，也不利于光合产物的积累。

随着气候变化，春季温度的突然降低往往导致倒春寒；小麦生育后期高温的危害风险也大大上升，造成不利影响，如干热风、雨后青枯和高温逼熟等。

3.1.3　对农业水资源的影响

黄淮海地区全年降水在时空上分布不均匀，通常表现为春旱夏涝。在冬小麦的生育期间，自然降水量一般不足 300 mm，不能满足冬小麦正常生长所需 400～550 mm 的水量需要，并伴随经常性干旱的发生，使原本短缺的水资源渐呈匮乏之势，土壤水分亏缺亦十分严重（莫兴国等，2006）。随着气候变暖，黄淮海流域冬小麦各个生育期的降水量变化趋势以减少为主，总体降水表现出逐年微弱减少趋势，自然降水远不能满足冬小麦的正常生长，即使位于雨水相对比较充沛的南部地区，冬小麦生长过程中，其土壤含水量仍然短缺。从水分亏缺现象发生时间来看，雨养条件下在冬小麦生长期后段水分亏缺较为严重，以 5 月下旬最为严重，重度水分胁迫发生频率高达 48.2%（刘明等，2010）。特别是黄河南部平原 5 月中、下旬经常出现的干热风天气，一直是影响小麦产量的主要灾害性天气之一，春季增温使干热风危害加重，直接影响小麦生长。

水分蒸发是水循环的重要组成部分，它不仅受风速、相对湿度、降水量等因子的影响，还会受到日照（太阳辐射）和气温的影响，它和降水、径流一起决定着一个地区的水量平衡。气温一般是通过蒸发间接影响区域水量平衡，当全球平均气温升高时，陆面、水体的蒸发量也会增加，然而根据 1950～1990 年的数据观测却发现：美国和苏联的蒸发皿蒸发量存在稳定的下降趋势，普遍认为太阳辐射的减少是主要原因（Menne et al.，2001）。气候变暖以后将使蒸发过程加剧，农田蒸发量加大，水分利用率降低，在降水量增加的条件下，小麦生长仍可能会受到影响。近年华北冬麦区降水的减少以及农田可利用水资源的匮乏加剧可能是引起该地区冬小麦生产力降低的原因之一。小麦生育期干旱对地下水的需求持续增加，进一步引起了华北麦区水资源的匮乏。

气候变化对农业水资源的另外一个影响，体现在近年来降水的时空分布出现异常的频率逐渐增加，使小麦生育期内发生干旱或涝害的概率增大。由于黄淮海流域处于温带季风气候区，年内降水季节分配不均，春季降水较少，气温回升快，大风日数多，蒸发量大，土壤因蒸发而水分严重亏损，使农作物缺水加剧，造成春旱。干旱是冬小麦生育期发生频率高、影响范围大、持续时间长、成灾程度重的农业气象灾害。以河南省为例，研究表明从 1988～2010 年，干旱受灾面积呈明显的下降趋势，阶段性变化比较明显（魏亚刚和陈思，2015）：1988～2001 年旱灾波动性较大，受灾成灾面积较大；2002 年以来干旱面积明显减小，呈持续下降趋势、波动较小，年平均受灾面积连续 9 年低于常年平均值。1988～2010 年 23 年中干旱受灾面积较小的年份有 8 个，集中在 1996～2010 年，其中以 1998 年最少，为 20.8 万 hm^2；干旱受灾面积较大的年份有 4 个，集中在 1988~2001 年，其中 1994 年最大，为 640 万 hm^2。另外一方面，以夏季雨涝为主的涝害则时有发生，一般 5~10 年发生一次重雨涝。其他季节也有雨涝发生，虽次数不多，但危害不小。总体上，雨涝受灾面积呈波动性上升趋势，同时又存在着阶段性变化：1988~1997 年受灾面积较小，年平均仅 119 万 hm^2；1998~2005 年水灾又进入了相对偏多的时期，年平均为 193 万 hm^2；2005~2010 年水灾受灾面积又有明显下降，平均受灾面积为 74 万 hm^2（魏亚刚和陈思，2015）。

随着气候变暖和社会经济发展共同导致工业用水、城市用水、生活用水和生态用水量增加，日益挤占农业用水，再加上降水量的不断减少，黄淮海冬麦区农业可利用水资源总量不断减少，尤其是京津与河北省中部地区，小麦播种面积和灌溉定额都被迫压缩。

3.1.4 对土壤因子的影响

我国作为世界第三冻土大国，季节性冻土的面积占全国国土面积的一半以上（王晓巍，2010）。季节性冻土的不透水作用、蓄水调节作用和抑制蒸发作用，使冻融期间的土壤蓄水容量、降水入渗能力、土壤含水量的变化状态、产流与径流等水文特性具有不同于无冻土条件下的动态规律和特点（王晓巍，2010）。随着全球变暖，冻土层变浅，冻结期变短，使得活动层厚度明显增大。黄淮海冬麦区由于冬季降水少，除个别年份外，冻土在早春融化后一般不会产生可见径流。其中海河平原麦田越冬期间存在稳定冻土层，黄淮平原冬季没有稳定的土壤封冻期。沿淮平原冬季仅在强寒潮到来时表面出现暂时的结冰，基本不存在冻土层，麦田在冬季的蒸发量大，但通常冬季的降水也明显多于海河平原和黄淮平原，因此冬旱通常比北部轻，有些年份在低洼地还会发生湿害。

初冬与早春冻土日消夜冻有利于形成良好的土壤结构，但也可能对分蘖节过浅的植株造成掀耸根拔，造成死苗或冻枯损耗。稳定的冻土非常坚硬，有利于保墒和稳定地温，但无法耕作。随着气候变暖，黄淮海冬麦区北部的冻土层逐渐变浅，中南部趋于消失，将使麦田冬季水分蒸发增加，麦田划锄中耕时间也需相应调整。

气候变化加剧，导致土壤干湿交替频繁发生，胀缩交替进行，土壤表层结构很难得到进一步发育，土壤结构的稳定性通常会变差，在暴雨发生时，土壤极易遭受侵蚀，造成表层水土流失。

另外，土壤有机质中的碳是地球碳库的重要组成部分，它参与全球碳循环，土壤有机质分解而产生的 CO_2 和 CH_4 为重要的温室气体。其总量取决于生物量生产与分解的平衡状态，以及土壤储存有机质的能力。模型预测显示，至 2020 年、2050 年和 2080 年，中国旱地 0~30 cm 土层有机碳在 CO_2 低排放情景下分别会损失 2.7 t C/hm^2、6.0 t C/hm^2 和 7.8 t C/hm^2，在 CO_2 高排放情景下分别会损失 2.9 t C/hm^2、6.8 t C/hm^2 和 8.2 t C/hm^2，大概占 1980 年农田土壤碳的 4.5%、10.5% 和 12.7%（张旭博等，2014）。就全球规模来说，土壤有机质沿着降水增加和温度下降的梯度而增加。温度是影响凋落物分解速率的重要环境因素。气候变化对土壤有机碳的分解和积累产生着深刻的影响，使陆地生态系统与大气的碳交换通量发生变化，从而进一步加剧或缓解全球变化的趋势。模拟结果表明（郭广芬，2006）：我国大部分地区的农田、森林和草地生态系统在气候变化影响下将成为碳源，华北平原的大部分地区成为强碳源区，在对不同气候因子对土壤有机碳储量影响的分析中发现，土壤有机碳含量随温度的升高而降低，但是随着降水的增多，受蒸发量的影响较大，通过土壤含水量来影响土壤有机碳的收支。虽然温度都升高，但是由于降水和蒸发的差异较大，结果导致在降水大于蒸发的地区表现为碳汇，在降水小于蒸发的地区表现为碳源。因此，温度、降水和蒸发的综合作用将决定土壤有机碳的分解速率。过去认为降水变化对土壤有机质的分解速率的影响没有温度的影响大，或者单独强调某一个因子的作用都是不全面的。

研究表明，CO_2 浓度升高可降低土壤中铵态氮含量，因此，在气候变化条件下，增加氮肥用量能保证作物对氮的吸收利用。然而不同 CO_2 浓度和温度处理对土壤中硝态氮含量没有显著影响；CO_2 浓度升高使耕作层土壤速效磷含量增加。土壤水分含量与硝态氮、铵态氮含量的相关性达到显著水平（张勇，2013）。

3.1.5　对大气因子的影响

全球气候变化的一个表征是 CO_2 浓度的持续上升，截至 2014 年 4 月美国研究者测出的月均大气 CO_2 平均浓度首次超过了 400 ppm[①]。自人类在大约 250 年前开始大量使用化石燃料起，大气中 CO_2 水平已经增长了超过 40%，而且过去 40 年里释放的温室气体，比之前 200 年释放的还多。大气 CO_2 浓度增长对作物光合作用和蒸腾作用是有增益效应的，但同时气候变率、灾害性天气的发生概率与强度都会增加（陈超等，2004）。研究结果表明，CO_2 浓度增加可直接影响小麦叶片光合作用，当 CO_2 浓度由 350 μmol/mol 分别增至 700 μmol/mol 和 500 μmol/mol 时，小麦拔节至乳熟期净光合速率则分别增长 20.0%～41.6% 和 7.6%～18.4%；且抽穗期增长幅度最大，其光合作用时间可延长 1h/d 和 0.5h/d（王修兰等，1996）。CO_2 浓度升高对小麦蒸腾作用的影响较为复杂，其原因是小麦受环境的影响，温度、降水变化与 CO_2 浓度升高的相互影响可能导致土壤水分状况有所变化，进而影响作物水分和营养的关系。通常认为 CO_2 浓度升高可抑制蒸腾作用，进而提高水分利用效率，主要原因在于同等强度光合速率所需气孔开度的减小（刘月岩等，2013）。研究表明干旱条件下 CO_2 浓度倍增可使小麦水分利用效率增加 64%，且小麦产量增幅高于充分供水处理（白莉萍等，2004）。

3.1.6　对生物因子的影响

从全球平均水平看，如果没有相应的防御措施，病害和虫害对主要作物产量造成的损失分别达到总产的 16%～18%（林而达和谢立勇，2014）。温度变暖会改变病虫害地理分布，而且提高害虫越冬率和夏季存活率。

气温升高有利于害虫生长发育，加速种群增长，增加害虫发生世代数，提高越冬存活率，扩大害虫分布范围，有利于迁飞害虫的发生和危害，使害虫或潜在害虫猖獗。冬

---

① 1 ppm=10^{-6}。

季气温升高将降低病原菌越冬死亡率，春季气温升高将使越冬病原菌提前萌发和侵染、扩散，高湿是病原真菌和细菌萌发和浸染的必要条件，而干旱通过促进喜旱传毒害虫繁殖导致作物病毒病的猖獗发生；病害地理分布范围变化将改变病害组成结构。气温升高使杂草分布向北延伸和向高海拔延伸，由于杂草具有更强的适应和进化潜能，可能比作物更快利用新的适宜环境，扩张其分布范围，致使新环境的作物面临新的杂草危害（李保平和孟玲，2011）。

CO_2 浓度的增高，可能增大蛾类幼虫的取食量，提高蚜虫的生殖力，昆虫基于碳源和氮源的化学防御物质含量降低，不利于寄生性天敌的寄生和生长发育，降低转基因抗虫作物毒素含量，降低杀虫剂的化学防治效果。UV-B 辐射增强或高浓度 CO_2 条件使病原菌繁殖力提高，可能加速病原菌种群的进化，导致病原菌迅速克服寄主作物的抗病性。CO_2 浓度升高将有利于植物的光合作用，但其对农作物和杂草的影响可能并非相等，通常会增强杂草的相对竞争力；同时将增加杂草的抗药性，除草剂的防效可能明显降低，导致化学农药的使用量增大（李保平和孟玲，2011）。

土壤微生物在陆地生态系统中具有重要作用，是生物地化循环中最核心的环节，在土壤生态系统的物质循环与转化、能量流动的过程中具有显著的影响作用。CO_2 倍增对植物根际和非根际土壤微生物群落结构产生了一定影响，部分新增物种出现或是原有微生物数量更加丰富，部分物种表现为数量减少或消失，但群落中的大部分主要物种未受影响，CO_2 浓度增加对土壤微生物功能多样性影响较小。干旱胁迫明显影响微生物群落丰富度和均匀度，抑制了土壤微生物的代谢活性，显著降低土壤功能多样性。CO_2 倍增情况下微生物趋于利用糖类，而正常 CO_2 浓度下微生物趋于利用氨基酸类，主要是因为 CO_2 倍增能够促进土壤蔗糖酶活化和过氧化氢酶活化，从而较显著地提高土壤微生物活性（王苑，2014）。

3.2 对冬小麦生长发育的影响

总体而言，气候变暖导致小麦生育进程加快，生长期缩短。在各个生育期内的光照和温度变化对小麦生长发育的影响较大，在播种到拔节期，光照的影响较大，越冬到拔节光照的影响最为明显，拔节以后温度的影响较大。在整个生育期，温度对作物的影响最为明显，而降水量变化趋势对冬小麦生长发育的影响相对较小。

3.2.1 光照的影响

冬小麦是喜光作物，小麦的形态建成，小花与小穗发育，以及产量和品质形成都与光照强度有重要的相关性。例如，当灌浆中期有 3～4 天连阴雨天，旬均日照时数为常年的 60%时，灌浆中后期的灌浆速度将比常年低 35%（贺明荣等，2001）。因此，加强小麦对弱光的适应途径和弱光逆境生理的研究，将为小麦的高产栽培提供理论和实践指导。

随着气候变化，光照强度普遍有所减弱，不利于光合作用，但冬季和早春变暖又使全生育期光合作用时间延长。大气气溶胶增多使散射光比例增大，由于散射光量子效率较高，可在一定程度上对光强减弱有所补偿。小麦是长日照作物，日照延长可加速发育，尤其是冬性强的品种更加敏感。气候变暖使春季各发育期提前，所处日长缩短，有延迟发育的效应，这也许是气候变暖后，小麦秋季物候的延后要比春季物候提前更加明显的原因。

在全球气候变化的大背景下，黄淮海地区冬小麦生长发育总天数呈减少的趋势，各个生育期又略有不同，其中播种—越冬期和抽穗—成熟期日数有所延长，越冬期、返青—拔节期和拔节—抽穗期日数呈缩短趋势。由于暖冬的出现，南部地区开始出现无越冬期情况。但部分地区如河南省郑州、封丘、许昌一带，越冬期有略微延长的趋势，体现了气候变化对小麦生长发育影响的复杂性（李影雷等，2009）。

研究表明，越冬期内≥0℃积温、总日照时数变化趋势与冬小麦生长天数变化趋势有较高的相似性，这表明≥0℃积温、总日照时数对冬小麦越冬期生长可能有一定的影响（李影雷等，2009）。冬小麦播种—越冬期、越冬期、拔节—抽穗期日数的变化趋势与≥0℃积温有一定的相似性；越冬期、返青—拔节期冬小麦生长期变化趋势与日照时数变化趋势一致，表明这些时期日照时数与小麦生育日数的变化也有一定的联系（李彤霄，2009）。

3.2.2　温度的影响

冬小麦的生长发育对温度十分敏感，当气温 5℃时小麦叶片净光合速率很小（仅为最大值的 25%），气温增至适宜范围时小麦叶片净光合速率随之增加，但高温（>25℃）时小麦的呼吸强度急剧增大，甚至可以超过光合速率，使净光合速率成为负值（房世波等，2010）。气候变暖对黄淮海冬小麦生长发育进程影响十分显著，表现为，黄淮海冬小麦整体生育进程提前，其中，黄淮海冬麦区籽粒灌浆期和成熟期进一步缩短，全生育期略有缩短（陈群等，2014）；北部冬麦区幼穗分化期明显提前，幼穗分化期显著增长，整个有效生育时期增加。气候变暖使冬小麦冬前生长快，冬季叶龄较常年多，小麦拔节期、抽穗期、成熟期均提前；冬前有效积温也显著增加，加快了小麦叶的生长和分蘖速度，冬前分蘖高峰提早形成，成穗率下降。此外，气候变暖的情况下，对于没有稳定封冻期的黄淮麦区和沿淮麦区，以及海河平原麦区的暖冬年份，小麦冬、春季分蘖没有明显的停滞阶段，分蘖不断发生，营养生长量加大，总叶龄、高峰蘖数量加大。枯黄叶多，绿叶数减少，营养生长偏旺，群体质量下降。但冬前温度偏高，也有利于促进小麦早发壮苗，为足穗奠定良好基础，对群体小麦的生产能力有一定促进作用（蔡剑和姜东，2011）。研究表明，年平均温度升高 0.5℃时，冬小麦生育日数缩短 2~4 天，平均为 3 天；升高 1℃时，缩短 5~7 天，平均为 6 天；升高 2℃时，缩短 12~15 天，平均为 13.2 天（李彤霄，2009）。未来应采用调整播期、更换品种等方法来减少气候变化对冬小麦生育的影响。温度变化不仅影响生育期的长短，还直接影响冬小麦地上部分生物量及各器官生物量大小。据研究显示，全生育期内温度升高 1~2℃或秋、冬、春季分别升温 1~2℃对冬小麦各器官生物量均有一定的影响，适度增温有利于籽粒产量的提高，但影响不十分明显。全生育期增温 2℃，可使冬小麦籽粒重增加，叶和根生物量也有所增加，而茎秆生物量减小，秋、冬季适度增温，总体有利于小麦产量提高；春季增温则相反，升温越高，减产越多（周林等，2003）。黄淮海地区冬小麦生育期内，温度变化呈上升趋势，且夜间升温明显，同时生育期降水量呈下降趋势。冬小麦全生育期天数 2000 年后比 20 世纪 90 年代缩短 4 天，主要表现为营养生长期缩短。空间上全生育期和营养生长期缩短的天数和生殖生长期延长的天数从北向南递增。通过产量与气候因子非线性分析表明，冬小麦产量与生育期平均温度、最高温度和最低温度均呈负相关，温度升高 1℃，减产可达 8.0% 以上。最低温度升高导致大部分地区冬小麦减产（耿婷等，2013）。

3.2.3　水分的影响

降水是影响冬小麦生长发育和产量的重要气象因素之一。黄淮海地区降水量年际间变化从 20 世纪 80 年代开始变大，降水呈南多北少趋势，并有明显的季节和区域特性，且降水强度的季节分布呈现出较为集中的趋势。而小麦各个生育期对降水量的需求不同，特别是孕穗期为小麦的需水临界期，此时保证小麦的水分供应可减少小花退化，增加穗粒数。从不同地域来看，黄淮海平原中、北部地区，由于自然降水远小于小麦生育期的生理需水量，无灌溉条件下小麦生长相当困难；黄淮海平原南部地区，气温升高加快了冬小麦的生长发育速率，缩短了生育历程，在无土壤水分亏缺的理想状态下，适度升温有利于冬小麦生长及产量的提高；但在土壤水分亏缺时，温度升高，虽改善了冬小麦越冬条件，使其叶面积指数增高，CO_2 同化能力增强，但高温加大了土壤蒸发，使小麦生长中、后期水分亏缺加重，小麦绿叶同化能力降低，最终使产量下降；当气候变暖伴随降水量增大时，这一现象有所缓解；若气候变暖伴随降水量减少，则产量下降加剧（周林等，2003）。

3.2.4　各因子的综合影响

近年来，黄淮海地区北部年平均气温及≥10℃积温增加显著，但降水减少，暖干趋势明显，中部和南部年平均气温和≥10℃积温也呈现增加趋势，但降水增多，日照下降，出现暖湿趋势；除南部江苏、安徽两省冬小麦播种期无明显变化外，华北地区冬小麦播种期普遍推迟，一般在 7～10 天；冬小麦返青期变化较为复杂，西部地区的冬小麦返青期推迟 2～10 天，而东南部的山东、安徽及江苏地区冬小麦返青期明显提前，一般提前 5～7 天；华北地区冬小麦的拔节期提前，北部地区幅度较大，为 5～10 天；气候要素的波动是引起黄淮海地区冬小麦生育期变化的主要原因；日照时数与冬小麦返青期和拔节期呈显著相关，日照时数减少，冬小麦返青期和拔节期提前，而受年平均气温升高的影响，冬小麦抽穗期普遍提前，同时降水对冬小麦生长的拔节和抽穗也有促进作用（杨建莹等，2011b）。

以河南省为例，随着气候变化，小麦生育期日照时数减少，年平均日照百分率降低，影响了光合作用，减少了小麦光合产物的生成；年平均温度的上升，缩短了小麦生育期各阶段时间；降水量随纬度的降低由南向北呈递减趋势，年际间降水变异大，以上均是影响产量稳定的重要因素。小麦光合生产潜力、光温生产潜力随纬度的降低呈现减少趋势，气候生产潜力随纬度降低呈现升高趋势，中北部降水对气候生产潜力的影响较南部大（李磊，2009）。

CO₂ 浓度升高可以抑制小麦的呼吸作用，提高小麦的光合速率及氮素的吸收与利用，缩短了小麦生育期，对小麦生长发育的影响主要集中在形态与生理特性方面（蔡剑和姜东，2011）。CO₂ 的增产效应与作物的水分胁迫和养分胁迫状况有关，高氮肥条件下 CO₂ 的增产效应比低氮肥条件下高 12.8%，水分胁迫影响植物对氮素的吸收，进而影响 CO₂ 肥效的充分发挥。研究发现，CO₂ 浓度升高，能促进小麦根、茎、叶生长，分蘖数、干物质积累和株高有增加的趋势，表现为根系变粗、不定根数量增加、根系生物量显著提高（增幅 16%~63%）（蔡剑和姜东，2011），如果不考虑 CO₂ 浓度升高带来的温度、降水等其他气象因子的变化因素，其影响还是有利于小麦干物质积累和产量提高的。

3.3　对品种利用的影响

气候变暖提高了总积温，使黄淮海冬小麦种植边界显著北移，平均气温每升高 1℃，年平均气温等值线将北移 1.76°，种植制度分界线将北移 2.44°（钱凤魁等，2014）。但由于黄淮海平原北部是中国降水量减少最突出的地区，农用水资源的日益紧缺导致冬小麦种植面积减少，实际生产上种植界限的北扩受到严重制约。气候变暖背景下的低温冷冻害对中国农业的影响不但没有减轻，反而加重，其中黄淮海冬麦区的灾害强度呈加大趋势（周广胜，2015）。近年来，随着气候变暖和小麦半冬性、偏春性品种种植面积的扩大，黄淮海冬麦区每年都有几万公顷的麦田出现冬春旺长。旺长麦田极易受到冻害威胁，造成大幅度减产。影响小麦生产的冻害类型主要有冬季冻害、早春冻害（倒春寒）和低温冻害，其中尤以 3~4 月出现的早春冻害对小麦产量和品质的影响最大（于金宝等，2011）。因此，因地制宜，根据各地生态区域，选择和培育适应气候变化的小麦品种、发展节水农业和灾害管理技术是应对气候变化的关键。为此，不同纬度地区提高小麦产量的途径是在中北部地区要选择高产品种，发展人工灌溉，充分发挥该区光温资源潜力，进一步提高光能利用率，在南部地区要充分发挥降水潜力，调整布局，发展雨养农业，提高水资源利用效率（李磊，2009）。

气候变化引起生产上对冬小麦品种的冬春性要求更高，必须选育具有高抗寒性、积温需求更高的品种来适应未来气候条件的变化，并有利于冬小麦利用 CO₂ 肥效提高其产量，但耗水量将有所增加，因此，在农艺性状上应选育株高和有效穗数适中、穗粒数较多、千粒重较大的中高产抗寒抗旱品种，是黄淮海干旱地区冬小麦适应未来气候变化的育种改良方向（刘新月等，2016）。目前在黄淮海地区内推广的品种，北部冬麦区以强冬性和冬性为主，黄淮海冬麦区以半冬性和弱春性为主。从趋势来看，分蘖多的强冬性品种逐渐被分蘖适中的冬性和弱冬性品种替代。但品种替代应注意与气候变暖同步，对于北部冬麦区，选用品种的冬性如降低过多，即使在暖冬也仍有可能发生冻害。黄淮麦区和沿淮麦区的早播麦也必须保持一定的冬性以防止冬前过旺。另外，由于该地区品种多为冬性品种，对温度敏感，光敏性弱，容易受到气温变化的影响，进而影响到冬小麦生长发育进程与产量，选育具有更高光周期敏感性的冬小麦品种，可以增加冬小麦生长发育在气候变暖下的稳定性，减弱气温变化对冬小麦的影响（陈群等，2014）。在倒春寒、冻害频发和极端冷暖异常天气交替有增加趋势的黄淮海冬麦区，应选育和布局苗期生长健壮，根系发育好，抽穗较早的弱春性品种及春季发育相对慢，对水肥不敏感，返青拔节、抽穗和成熟比较晚的半冬性品种，其穗分化敏感期与该区小麦倒春寒发生的时间（3月中下旬至4月上中旬）不相叠加，可躲过寒流冻害；另外，一些根系发达、耐旱性和耐寒性好的中晚熟品种，也可有效减轻霜冻与冻害危害（赵虹等，2014）。

3.4 对产量和品质的影响

黄淮海地区冬小麦生育期近20年平均温度上升1.16℃，冬小麦年产量呈现增长的趋势（陈群等，2014）。CO_2浓度和温度升高、降水变化及其交互作用对黄淮海大部分地区冬小麦的产量均有正效应，主要是因为CO_2的肥效作用，温度升高改善了越冬条件，虽然整个生育时期缩短但生殖生长期相应延长，以及变暖促使冬小麦有效分蘖增加，尤其是冬前气候变暖会增加有效分蘖。但升温过高会减少作物光合作用时间、水分的吸收及碳同化作用等，从而减少干物质积累，导致产量下降（陈群等，2014）。据研究发现，平均气温升高3℃时，小麦产量会下降20%左右。研究认为，高温引起的冬小麦产量降低是因为气候变暖会导致作为喜凉作物的小麦生育期缩短，气温过高，小麦光合速率反而下降，呼吸消耗急剧增大，将导致净光合积累的明显降低甚至提前逼熟，使冬小麦累积生物量减少（Mearns et al.，1997）。河北北部及京津地区冬小麦产量受气候变暖的影响增产显著，这可能是因为在降雨相对不足的北部，气候变暖导致开花期提前，并使灌浆期提前至一个相对凉爽的时间段（Van Ittersum et al.，2003），北部地区冬季气温的变暖减轻了低温对冬小麦生长的限制，对冬小麦产量增加有积极作用（Xiao et al.，2010）。生育期内冬季气候明显变暖，寒冷日数和酷冷日数减少，有利于小麦安全越冬，生长期和灌浆期延长；冬小麦生育期各旬降水量呈现抛物线分布，降水为减少趋势，对冬小麦稳产高产不利；生育期内尤其在中后期日照时数迅速减少，不利于小麦发育成熟。不同类型小麦的产量，随纬度降低呈现先升后降的趋势，中部地区光温水组合度好，气候资源利用率最高（陈群等，2014）。

气候变化将给作物的品质带来负面影响，包括改变碳含量和养分摄入量，在生物化学过程中产生次生品。高CO_2浓度增加小麦产量的同时，对小麦品质的影响研究大致形成两种观点：一种观点认为CO_2浓度升高对小麦品质影响很小或无影响（白莉萍和周广胜，2004；陈超等，2004；李彤霄等，2008），其原因可能是品种和环境因素比空气质量对小麦籽粒品质的影响更大；另一种观点认为CO_2浓度升高使小麦籽粒和面粉蛋白质含量降低10%～14%（Samarakoon et al.，1995；Rogers et al.，1998），矿物质含量也有相应程度的降低，对营养品质和烘烤品质不利，这种现象可能是由于CO_2浓度升高导致小麦呼吸速率降低并减缓营养吸收。而约占小麦籽粒含量70%的淀粉，据研究表明，高CO_2浓度下小麦淀粉总含量和淀粉结构（由直链与支链淀粉比率决定）、淀粉颗粒大小及淀粉的物化特性均无显著变化（白莉萍等，2004）。气温升高对小麦品质的影响很大，当日均气温大于 30℃且持续 3 天时，小麦面筋强度将降低，尤其是小麦灌浆期至成熟期的持续高温产生的危害最大。此外，CO_2 浓度增加对淀粉糊化特性的影响具有双重性，一方面 CO_2 水平有限度的升高可在一定程度上改善面条的食用品质；另一方面 CO_2 水平进一步提高又对食用品质产生负面影响。未来全球环境变化下大气 CO_2 浓度增加总是伴随着温度增加，温度小幅增加（2~4℃）可能比 CO_2 浓度增加对品质更具影响力（白莉萍等，2004）。通常温度增加会提高籽粒蛋白质含量，而 CO_2 浓度升高可能会部分抵消此作用。此外，籽粒品质还受制于氮素。若肥料充足，CO_2 浓度增加的不利影响会显得微不足道；若作物施氮素水平受到限制，往往品质性状趋于不良，而 CO_2 浓度增加则使这种不良状况进一步恶化。因此，今后极有必要进行综合环境因素变化下的不同品种和类型的综合品质性状的影响研究（白莉萍等，2004）。

温度是通过影响小麦生化反应及对营养物质的吸收强度影响小麦籽粒品质的。国内外同类研究揭示的温度效应显示，温度是影响小麦生长发育过程的重要生态因子，对小麦品质有不可忽视的影响。小麦开花至成熟期，是籽粒产量和品质形成的关键时期，也是温度影响籽粒蛋白质含量的重要阶段，在一定温度范围内，小麦籽粒蛋白质含量随温度的升高而提高。研究表明，当昼夜温度从 22℃/12℃上升到 27℃/12℃时，蛋白质的含量从 9%提高到 13%（孙亚辉和党红凯，2009）。在冬小麦灌浆早期，气温平均上升 1℃，籽粒蛋白质含量提高 0.07%（Benzian and Lane，1986）。灌浆期高温提高了小麦籽粒蛋白质含量，且随温度升高籽粒清蛋白、球蛋白和醇溶蛋白含量均有显著的增加，但麦谷蛋白含量降低，其麦谷蛋白/醇溶蛋白的值随温度的上升而下降；适温处理条件（26℃/14℃和 24℃/16℃）下，麦谷蛋白/醇溶蛋白值在整个灌浆期都较高，表明在适宜的温度条件下，面粉品质较好。此外，多数研究证实成熟期间的气温与小麦籽粒蛋白质含量呈正相关。小麦灌浆期间适宜的高温有利于籽粒蛋白质的合成和积累，有利于面粉筋力的改善，但此期间温度过高（≥30℃）时，将使籽粒蛋白质的积累受到限制，面粉筋力也随之下降。研究表明，年平均气温每升高 1℃，蛋白质含量提高 0.435%，沉降值增加 1.09 ml（曹卫星等，2005）。但对温度与蛋白质含量关系的研究也有不同的结论。有研究者认为小麦籽粒蛋白质含量与灌浆期间 19.6~22.8℃的温度呈负相关，似乎凉爽气候有利于蛋白质积累。温度对小麦沉降值、淀粉含量、面团强度、面包烘烤品质都有影响。国外学者的研究表明，在适宜范围内，温度升高有利于品质改善，而当温度超过临界温度 32℃时，则小麦品质降低，原因可能是小麦籽粒灌浆期间遇高温，其醇溶蛋白的合成速度比麦谷蛋白快，醇溶蛋白占蛋白质的比例升高，使麦谷蛋白/醇溶蛋白的值降低，一般表现为加工品质变劣。温度也影响淀粉含量，籽粒淀粉含量与开花成熟期的日平均温度呈二次曲线的相关关系；小麦淀粉形成的适宜温度在 15~20℃。试验表明，小麦成熟期间的高温导致淀粉含量减少，并且高温增加了直链淀粉的比例，影响了淀粉的生理生化特性（岳鹏莉等，2016）。有研究认为，灌浆期高温是造成面团强度变弱的原因（宋维富等，2015）；35℃的高温胁迫，与蛋白质含量、面团延伸性呈正相关，而与面团强度、面包体积呈负相关，主要原因是麦胶蛋白的含量增加。籽粒形成期间的气温，显著影响面包烘烤品质，尤其是面团强度及面包体积和评分。面包烘烤品质不良与收获前 15 天的 32℃以上高温有关，但揉面时间长的品种比短的品种对这种不良生态条件的抗性强，且通过育种可以提高这种抗性（蔺青，2004）。

光照对小麦籽粒品质的影响小于温度的效应，光照主要是通过日照时数和光照强度影响小麦籽粒品质的。有研究者认为，小麦籽粒蛋白质含量与日照时数呈负相关，籽粒蛋白质含量较高的地区，开花至成熟期间的平均日照时数都较少，光照相对不足，影响光合强度和碳水化合物的积累，蛋白质含量相对提高，开花至成熟期间日照总时数与籽粒蛋白质含量之间呈负相关关系。抽穗至成熟期间的总日照时数与籽粒蛋白质含量、赖氨酸及面筋含量均呈负相关。但是，也有其他研究者认为，北方比南方小麦蛋白质含量高 2.05%，说明长日照对小麦籽粒蛋白质形成和积累是有利的，因此延长抽穗至乳熟期的日照时数，可以明显提高籽粒蛋白质的含量。有报道认为，在小麦灌浆期，光照强度与籽粒蛋白质含量呈负相关，减少籽粒发育期的光照强度可使籽粒氮素积累增多，光照强度每增加 1.0 MJ/（m²·d），籽粒含氮量下降 0.03%。灌浆过程中的总辐射量与湿面筋含量和沉降值分别呈极显著负相关和显著负相关（罗丕等，2008）。

降水量是影响小麦品质的重要因素。国内外研究一致认为，降水量与小麦品质呈负相关（Dubetz and Bole，1973；Souza et al.，2004），降水量对品质的影响涉及其他环境因子，如施肥、光照、气温等。降水通过提高籽粒淀粉产量，稀释籽粒中氮含量且使根系活力降低，对土壤有效氮的淋溶或反硝化作用，减少了籽粒蛋白质的合成。在小麦生长期间高于平均降水量的年份，蛋白质含量较低。如果降水量分布保持恒定，总降水量比正常降水量增加 25.4 mm，蛋白质含量约降低 0.24%。研究表明，在小麦成熟前 40～65 天的 25 天内，降水量与籽粒蛋白质含量呈极显著负相关，从冬小麦孕穗早期到第一穗可见时的 15 天内，每 1.25 mm 的降水量可导致籽粒蛋白质含量平均降低 0.75%（徐兆飞等，2000），过多的降水会降低面筋的弹性，影响小麦的加工品质。试验表明，在抽穗至乳熟这段时间内，土壤湿度过大也会使蛋白质和面筋的含量降低，但土壤含有的水分过少时，产量和蛋白质含量同样会降低。在天然降水成为限制因子的地区，降水多可能导致蛋白质含量降低，小麦生育期间降水量少于 300 mm，蛋白质含量一般在 13%以上，降水量在 600 mm 左右，蛋白质含量一般在 10%左右（曹广才和王绍中，1994）。此外，降水过多导致小麦籽粒容重降低，淀粉酶活性增大，面团流变学特性变差，如面团形成时间和稳定时间缩短、公差指数增大、面团断裂时间显著缩短、粉质质量指数降低，面团拉伸曲线面积、拉伸阻力、最大拉伸阻力、拉伸比值、最大拉伸比值明显降低。一般认为，干旱有利于土壤氮的积累，从而有利于籽粒蛋白质的形成，北方麦区的小麦籽粒皮薄，角质率、蛋白质含量、出粉率高与其干燥的气候有关。小麦灌浆成熟期在高温多湿气候下，蛋白质含量偏低或处于中等水平，但如果降雨期偏早，小麦蛋白质含量则增加，能形成较好的品质，但在这种条件下小麦粒重却降低，制粉特性偏低，面粉色泽也会下降。另外，随着年度降水季节的不规律改变，后期连阴雨天气加上气温升高，有时伴随着赤霉病等病害发生，会导致穗发芽和霉麦出现的概率大大增加，影响小麦的外观和加工品质（田志会等，2000）。

干旱、少雨及光照充足有利于小麦蛋白质和面筋含量的提高。多数情况下，小麦品质受各种气候因子的综合影响，在籽粒形成阶段，高于常年平均气温、低于常年降水量的气候条件，可提高蛋白质含量。提高温度，延长光周期，减少光量，能在一定程度上提高蛋白质含量；温度过高或连续低温，则蛋白质含量降低。研究发现，气候因子对小麦品质表现出综合影响的效果。例如，籽粒灌浆过程中的平均昼夜温差和总辐射量皆与湿面筋含量呈极显著负相关，总日照时数与之呈极显著正相关。除在灌溉条件下天然降雨的作用不显著外，籽粒灌浆过程中的平均日均温、平均昼夜温差、总日照时数、总辐射量皆与沉降值呈显著负相关。

3.5　对生产过程的影响

根据气候变暖形势可以将种植区域整体北移，减少南部地区的种植面积，增加北部地区的种植面积；同时合理调整种植制度，套种蔬菜等经济作物，增加土地复种指数，提高土地利用率（陈群等，2014）。适当推迟冬小麦播种时间，减缓冬季前生长发育速率，预防冬前旺长现象的出现，保证安全越冬，提高成穗率等（陈群等，2014）。随着冬春气温升高与降水增多，部分沿淮低湿麦田有可能改种相对耐湿的油菜，稻茬麦的比例也会增大。

研究和推广保护性耕作栽培技术、薄膜栽培技术、覆盖保墒栽培技术、化学调控节水栽培技术等节水耕作栽培技术，减少水分蒸发，提高水分利用率和土壤储水量。实施旱地蓄水保墒耕作制度，进行深耕蓄水。秋深耕为主，春浅耕为辅；秋早耕蓄水，春迟耕保墒；深耕一年浅耕一年，逐渐加深到 20～25 cm；提秋墒保春墒。冬小麦播前、播后镇压 1～2 遍，减少土壤水分蒸发散失，保住土壤墒情；合理轮作，用养地结合。实行粮豆、粮油轮作，持续培肥地力是增加降水利用率、增强蓄水保墒的有效措施（杨瑞珍等，2010）。

气温升高可能导致农业病虫害增加，害虫繁殖代数增加，作物受害程度加重，并向高纬度地区扩散，从而使得农药用量增加（李保平和孟玲，2011）；同时，气候变暖使得土壤氮的释放量增加，有机质分解速率提高，加速土壤贫瘠，因此，气候变暖将使得化肥与农药的需求量增加，农业生产成本也将相应增加。在黄淮海缺水区域采用旱地施肥技术，以底肥为主、追肥为辅的原则。增施有机肥，大力开展秸秆还田，广开肥源，针对大多旱地土壤氮磷养分失调的情况，采用氮磷配合施用。在冬季雨雪或春季雨水较多时，趁墒追施速效肥。由于在黄淮海平原，水分是影响作物生长的主导限制因子，因此可以通过以肥调水，提高农业用水利用效益。

黄淮海平原是全国水资源严重匮乏的地区之一，为了维持农业生产的需要，每年不得不依靠超采大量地下水来弥补地表水资源的不足，由于过量超采，地下水位年年下降，打井、浇地成本越来越高，这种农业生产方式显然不可持续。采用高效节水技术，合理调配灌溉水资源，发展集雨补灌技术，充分利用降水资源，减少地下水用量，是解决黄淮海平原农业缺水问题的重要途径。据统计，黄淮海平原冬小麦同一水平的干旱减产率，在拔节至抽穗期发生的概率要远大于灌浆期的概率，因此，在黄淮海地区雨水较少的春季，保障小麦需水"临界期"的孕穗期的水分供应，对小麦生长发育和稳产至关重要。

随着入冬期推迟和返青拔节期提前，北部冬麦区浇冻水时间要相应推迟，全区春季浇水、施肥、划锄中耕等各项农事活动的时间都要相应提前，病虫害防治的时机也要相应调整。夏玉米成熟提前也给小麦播前精细整地提供了更为充裕的时间。

黄淮海平原中、北部地区，由于自然降水远小于小麦生育期的生理需水量，无灌溉条件下小麦生长相当困难；黄淮海平原南部地区，气温升高加快了冬小麦的生长发育速率，缩短了生育历程，在无土壤水分亏缺的理想状态下，适度升温有利于冬小麦生长及产量的提高；但在土壤水分亏缺时，温度升高，虽改善了冬小麦越冬条件，使其叶面积指数增高，CO_2 同化能力增强，但高温加大了土壤水分蒸发量，使小麦生长中、后期水分亏缺加重，小麦绿叶同化能力降低，最终使产量下降。当气候变暖伴随降水量增大时，这一现象有所缓解。若气候变暖伴随降水减少，则产量下降加剧。模拟显示，流行于该区的农田林网可有效地改善农田小气候，提高小麦的水分利用率和干物质生长量。在气候变暖的严峻形势下，组建农林复合生态系统应作为一种可持续发展的农业经营策略加以推广应用（周林等，2003）。

鉴于黄淮海地区光温生产潜力呈明显增长趋势，其中北方增幅大于南方，气候变化对不同地区的冬小麦生产潜力影响不同。气温升高增加了各地的农业热量资源，促进了复种指数增加，同时我国北方干暖化趋势、南方洪涝灾害频发，也引起不同地区的种植制度发生相应的变化。气候变化背景下，我国近 50 年来因气象灾害导致的农业受灾面积不断扩大，农业经济损失逐年升高，同时极端气候事件发生的频率和强度在加大，增加了农业生产的风险。未来气候变化对我国冬小麦生产有利有弊，气温升高引起品种布局和品种熟制也将发生变化；同时气候变化可能导致未来气象灾害更加频繁，农业生产的不稳定性增加（房世波等，2011）。因此，需要进一步优化冬小麦种植制度、调整种植结构、加强农业基础设施建设和选育抗逆品种等来适应未来气候变化。

3.6　极端事件的影响

在黄淮海冬小麦种植区，极端事件的发生可能主要包括越冬期的冻害、霜冻、春季低温冷害、春季干旱、成熟后期的连阴雨导致的湿害和渍害、干热风和雨后青枯，等等。

全球气候变化引起的温度、降水和日照变化频繁而且不规律，极端事件的发生也越加频繁，往往造成很大的损失。例如，近年来，倒春寒在多个小麦种植区时有发生且都造成一定的经济损失；在小麦生育后期，干热风发生的频率也不断增加，对保证稳产高产造成了不利影响。

参 考 文 献

白莉萍, 全乘风, 林而达, 等. 2004. 大气 CO_2 浓度增加对冬小麦品质性状的影响. 自然科学进展, 14(1): 111-115.

白莉萍, 周广胜. 2004. 小麦对大气 CO_2 浓度及温度升高的响应与适应研究进展. 中国生态农业学报,

12(4): 23-26.

蔡剑, 姜东. 2011. 气候变化对中国冬小麦生产的影响. 农业环境科学学报, 30(9): 1726-1733.

曹广才, 王绍中. 1994. 小麦品质生态. 北京: 中国科学技术出版社.

曹卫星, 郭文善, 王龙俊, 等. 2005. 小麦品质生理生态及调优技术. 北京: 中国农业出版社: 289-307.

陈超, 金之庆, 郑有飞, 等. 2004. CO_2 倍增时气候及其变率变化对黄淮海平原冬小麦生产的影响. 江苏农业学报, 20(1): 7-12.

陈群, 于欢, 侯雯嘉, 等. 2014. 气候变暖对黄淮海地区冬小麦生育进程与产量的影响. 麦类作物学报, 34(10): 1363-1372.

房世波, 韩国军, 张新时, 等. 2011. 气候变化对农业生产的影响及其适应. 气象科技进展, 1(2): 15-19.

房世波, 沈斌, 谭凯炎, 等. 2010. 大气 CO_2 和温度升高对农作物生理及生产的影响. 中国生态农业学报, 18(5): 1116-1124.

耿婷, 付伟, 陈群, 等. 2013. 近 20 年河南省冬小麦生育期气候资源的时空变化及其适应性研究. 麦类作物学报, 33(4): 652-661.

郭广芬. 2006. 未来气候变化对我国土壤有机碳储藏的影响. 中国气象科学研究院硕士学位论文.

贺明荣, 王振林, 高淑萍. 2001. 不同小麦品种千粒重对灌浆期弱光的适应性分析. 作物学报, 27(5): 640-644.

金之庆, 石春, 葛道阔, 等. 2001. 长江下游平原小麦生长季气候变化特点及小麦发展方向. 江苏农业学报, 17(4): 193-199.

李保平, 孟玲. 2011. 气候变化对农作物病虫草害的总体影响及其对策//中国植物保护协会. 中国植物保护学会 2011 年学术年会论文集: 877.

李磊. 2009. 河南省不同纬度地区气候资源变化、小麦生产潜力及利用分析. 河南农业大学硕士学位论文.

李彤霄. 2009. 气候变化对河南省冬小麦生育影响的研究. 河南农业大学硕士学位论文.

李彤霄, 赵国强, 李有. 2008. 气候变化对河南省冬小麦越冬期生长发育趋势的影响//中国气象学会. 2008 年全国农业气象学术年会论文集. 桂林: 70-73.

李影雷, 赵国强, 李有. 2009. 河南省气候变化及其对冬小麦越冬期的影响. 中国农业气象, 30(2): 143-146.

林而达, 谢立勇. 2014.《气候变化 2014: 影响、适应和脆弱性》对农业气象学科发展的启示. 中国农业气象, 35(4): 359-364.

蔺青. 2004. 生态因素与小麦品质关系的研究. 山东农业大学硕士学位论文.

刘明, 武建军, 吕爱锋, 等. 2010. 黄淮海平原雨养条件下冬小麦水分胁迫分析. 地理科学进展, 29(4): 427-432.

刘新月, 裴磊, 卫云宗, 等. 2016. 1986—2014 年临汾降水变化及对旱地小麦农艺性状的影响. 麦类作物学报, 36(7): 933-938.

刘月岩, 乔匀周, 董宝娣, 等. 2013. CO_2 浓度升高对小麦水分利用效率的影响研究综述. Climate Change Research Letters, 2(1): 9-14.

罗丕, 周美兰, 骆叶青, 等. 2008. 气候因子对小麦品质的影响. 作物研究, 22(5): 424-427.

马洁华, 刘园, 杨晓光, 等. 2010. 全球气候变化背景下华北平原气候资源变化趋势. 生态学报, 30(14): 3818-3827.

莫兴国, 林忠辉, 刘苏峡. 2006. 黄淮海地区冬小麦生产力时空变化及其驱动机制分析. 自然资源学报, 21(3): 449-457.

钱凤魁, 王文涛, 刘燕华. 2014. 农业领域应对气候变化的适应措施与对策. 中国人口·资源与环境, 24(5): 19-24.

秦大河, 罗勇, 陈振林, 等. 2007. 气候变化科学的最新进展: ＩＰＣＣ第四次评估综合报告解析. 气候变化研究进展, 3(6): 2-6.

宋维富, 肖志敏, 辛文利, 等. 2015. 灌浆期高温对小麦籽粒蛋白质积累和品质影响的研究进展. 黑龙江农业科学, (2): 138-141.

孙亚辉, 党红凯. 2009. 生态环境及栽培措施对小麦品质性状的影响. 中小企业管理与科技, (28): 250.

田志会, 孙彦, 郭玉琴. 2000. 主要生态因素对小麦营养品质及烘烤品质的影响. 北京农学院学报, 15(2): 67-70.

王晓巍. 2010. 北方季节性冻土的冻融规律分析及水文特性模拟. 东北农业大学博士学位论文.

王修兰, 徐师华, 李祐祥, 等. 1996. 小麦对 CO_2 浓度倍增的生理反应. 作物学报, 22(3): 340-344.

王苑. 2014. 气候变化背景下土壤微生物群落对干旱和大气 CO_2 倍增的响应. 东华大学硕士学位论文.

魏亚刚, 陈思. 2015. 23 年来河南省主要气象灾害对农业的影响及时空分布特征. 云南地理环境研究, 27(3): 65-71.

徐兆飞, 张惠叶, 张定一. 2000. 小麦品质及其改良. 北京: 气象出版社.

杨建莹, 刘勤, 严昌荣, 等. 2011a. 近 48a 华北区太阳辐射量时空格局的变化特征. 生态学报, 31(10): 2748-2756.

杨建莹, 梅旭荣, 刘勤, 等. 2011b. 气候变化背景下华北地区冬小麦生育期的变化特征. 植物生态学报, 35(6): 623-631.

杨瑞珍, 肖碧林, 陈印军, 等. 2010. 黄淮海平原农业气候资源高效利用背景及主要农作技术. 干旱区资源与环境, 24(9): 88-93.

杨羡敏, 曾燕, 邱新法, 等. 2005. 1960—2000 年黄河流域太阳总辐射气候变化. 应用气象学报, 16(2): 243-248.

于金宝, 孔凡红, 孔英姿. 2011. 小麦防冻害栽培技术. 科学种养, 12: 13-14.

岳鹏莉, 王晨阳, 卢红芳, 等. 2016. 灌浆期高温干旱胁迫对小麦籽粒淀粉积累的影响. 麦类作物学报, 36(11): 1489-1496.

张峰, 胡波. 2013. 起伏地形下黄淮海地区太阳总辐射的空间分布研究. 安徽农业科学, 41(6): 2611-2612.

张旭博, 孙楠, 徐明岗, 等. 2014. 全球气候变化下中国农田土壤碳库未来变化. 中国农业科学, 47(23): 4648-4657.

张勇. 2013. 模拟气候变化条件下太湖地区农田土壤水分和养分的动态变化. 南京农业大学博士学位论文.

赵虹, 王西成, 胡卫国, 等. 2014. 黄淮南片麦区小麦倒春寒冻害成因及预防措施. 河南农业科学, 43(8): 34-38.

周广胜. 2015. 气候变化对中国农业生产影响研究展望. 气象与环境科学, 38(1): 80-94.

周林, 王汉杰, 朱红伟, 等. 2003. 气候变暖对黄淮海平原冬小麦生长及产量影响的数值模拟. 解放军理工大学学报(自然科学版), 4(2): 76-82.

朱新玉. 2012. 黄淮海平原典型农区的气候变化特征. 贵州农业科学, 40(3): 104-106.

Benzian B, Lane P W. 1986. Protein concentration of grain in relation to some weather and soil factors during 17 years of English winter-wheat experiments. Journal of the Science of Food and Agriculture, 37(5): 435-444.

Dubetz S, Bole J B. 1973. Effects of moisture stress at early heading and of nitrogen fertilizer on three spring wheat cultivars. Canadian Journal of Plant Science, 53(1): 1-5.

Mearns L O, Rosenzweig C, Goldberg R. 1997. Mean and variance change in climate scenarios: methods, agricultural applications, and measures of uncertainty. Climatic Change, 35(4): 367-396.

Menne M J, Peterson T C, Malone R W. 2001. Evaporation changes over the contiguous United States and the former USSR: a reassessment. Geophysical Research Letters, 28(13): 2665-2668.

Rogers G S, Gras P W, Batey I L, et al. 1998. The influence of atmospheric CO_2 concentration on the protein, starch and mixing properties of wheat flour. Australian Journal of Plant Physiology, 25(3): 387-393.

Samarakoon A B, Muller W J, Gifford R M. 1995. Transpiration and leaf area under elevated CO_2: effects of soil water status and genotype in wheat. Australian Journal of Plant Physiology, 22(1): 33-44.

Souza E J, Martin J M, Guttieri M J, et al. 2004. Influence of genotype, environment, and nitrogen management on spring wheat quality. Crop Science, 44(2): 425-432.

Van Ittersum M K, Howden S M, Asseng S. 2003. Sensitivity of productivity and deep drainage of wheat cropping systems in a Mediterranean environment to changes in CO_2, temperature and precipitation. Agriculture, Ecosystems & Environment, 97(1): 255-273.

Xiao G, Zhang Q, Li Y, et al. 2010. Impact of temperature increase on the yield of winter wheat at low and high altitudes in semiarid northwestern China. Agricultural Water Management, 97(9): 1360-1364.

第4章　气候变化下冬小麦生产脆弱性与适应机制

农业生产与气候关系密切，任何程度的气候变化都会给农业生产及其相关过程带来潜在的或显著的影响，气候变化对农业的影响已成为国内外关注和研究的热点与焦点问题之一。气候变化对农业的影响效应可主要概括为①农业地理限制的变动；②作物产量的变化；③对农业系统的冲击。气候变化下农业的稳定性和可持续性是各国政府和人民关心及农业可持续发展的关键问题，对中国尤其重要。中国 13 多亿人口的生存有赖于农业，而中国农业正面临严重的生态与经济挑战，全球气候变化将使这一问题更为严峻。

中国大部分地区几乎均可种植小麦，气候变化将会对小麦生产产生重大影响。小麦生产对气候变化的适应已经成为学术界研究的热点问题之一。黄淮海冬麦区是我国第一大冬小麦主产区，该区 2009~2011 年 3 年冬小麦平均播种面积占到全国冬小麦总播种面积的 70.4%，产量占到全国小麦总产量的 79.3%（杜莲英等，2015）。因此，综合研究分析气候变化对冬小麦潜在生产能力的影响，掌握冬小麦产量上限的变化规律，对提高农业气候资源利用效率、因地制宜地科学开展冬小麦生产适应气候变化的行动、减轻气候变化对黄淮海区冬小麦生产的负面影响、实现趋利避害具有重大意义。

4.1　冬小麦生产受气候变化影响的脆弱性和未来风险分析

全球气候变化已引起各国政府、国际组织和科学工作者的高度重视。IPCC 的 5 次评估均表明，气候变化对自然和人类生存环境所造成的影响清晰可辨。IPCC 第五次评估报告指出，1880~2012 年全球地表平均温度约上升 0.85℃，与 1850~1900 年相比，2003~2012 年这 10 年的全球地表平均温度上升了 0.78℃。近百年来，全球平均降水量变化不明显，但区域差异明显，极端干旱洪涝事件频发（IPCC，2013）。农业是对气候变化反应最为敏感和脆弱的领域之一，任何程度的气候变化都会给农业生产及其相关过程带来潜在的或显著的影响，特别是极端天气气候事件诱发的自然灾害将造成农业生产的波动，危及粮食安全、社会的稳定和社会经济的可持续发展。未来全球气候变化的主要特征是：以 CO_2 等为主的温室气体浓度升高导致的气温升高，全球气候剧烈变化引发极端气候如极端高（低）温、干旱和渍涝等频现。北方大部分小麦产区降水呈减少趋势，干旱加重，影响其面积的扩大和产量的提高。随着抗冻性小麦种质引进和耐冻小麦品种的选育，冬小麦种植北界显著北移。全球气候变化不仅会导致冬小麦种植区域改变，还影响冬小麦产量形成，加剧病虫草害的发生，进而严重影响冬小麦生产。气候多变和大气污染等一系列不利因素的产生，严重危害小麦的正常生长。例如，小麦生长前期易遇到阴雨天气，对出苗率造成影响，苗期和返青拔节期易受到冻害和冷害的伤害，后期由于高温和干旱等不利条件对灌浆产生影响，产生高温逼熟。小麦生产中通过改善土壤结构，改变种植方式，提高肥料的利用率，使用植物生长调节剂和微肥等栽培措施，可以有针对性地降低各种逆境影响，从而提高小麦的产量和品质。

脆弱性是指气候变化，包括气候变率和极端气候事件对该系统造成的不利影响的程度，是系统内的气候变率特征、幅度和变化速率及其敏感性和适应能力的函数。小麦对气候变化的脆弱性是指气候变化（包括气候变率和极端气候事件）对小麦生产造成的不利影响的程度，取决于小麦对气候变化的敏感程度及其适应气候变化的综合能力。一个对气候变化比较敏感而适应能力弱的区域，其脆弱性高；反之，一个对气候变化敏感而适应能力强的区域不一定脆弱。适应能力与经济、技术和资源等因素密切相关。CO_2 浓度升高、气候变暖、光照变化等对小麦生产的影响因地、因时不同而异，有正面效应，亦有负面效应，且与小麦品种自身特性及苗情壮弱密切相关，产量或增或减；评估其是否阻碍或促进小麦生产，需要进一步综合分析与研究，才能加以明确。但气候变化加剧引发的极端气象灾害严重危害了小麦的生产，尤其是花后高温、干旱、渍水等导致小麦结实率、千粒重严重下降，造成严重减产，且在特定年份和地区其影响可能导致严重减产，甚至绝收，已经成为当前影响冬小麦稳产、高产的主要制约因子。近年来气候多变，雨涝、干旱、低温、高温等各种自然灾害频繁发生，同时随着工业的发展，大气污染问题日益严重，与大气污染有关的臭氧、二氧化硫和紫外线等理化环境逆境对稳定提升小麦产量产生了重要的影响，使得当前小麦生产量不能完全满足人类需求。随着 CO_2 浓度升高，气候变暖，降水时空分布不均增多，小麦病虫害发生频率和强度有增加的趋势，并可能成为将来黄淮海冬小麦生产发展的重要限制因子。

孙芳等（2005）采用了英国 Hadley 中心发展的区域气候模式 PRECIS 输出的 B2 情景和 CERES-wheat 模型数据，综合考虑中国未来社会经济发展情景、各地缺水状况和作物的增产潜力，进行中国小麦的气候变化敏感性和脆弱性研究，提出气候变化对中国未来小麦生产的潜在影响，确定未来中国小麦生产的气候变化敏感区和脆弱区。其研究结果表明，安徽、湖北、湖南、河南南部等地区为强度负敏感区，对未来气候变化的反应是敏感的，如果不采取适应措施，小麦种植区将面临减产趋势。造成小麦减产的主要原因可能是由于温室气体浓度增高，气温升高，气候极端事件、北方的干旱化趋势增加对小麦生理生态、冬小麦春化作用、生长期产生影响。

4.1.1　干旱

1. 受干旱影响的脆弱性

降水是影响冬小麦生长发育和产量的重要气象因素之一。中国降水呈南多北少趋势，并有明显的季节和区域特性，且各区域降水强度的季节分布呈现出较为集中的趋势。而小麦各个生育期对降水量的需求不同，淮北地区小麦中后期（3～5 月）降水对产量的形成影响较大；小麦苗期（10 月～翌年 2 月）的降水对分蘖的多少影响较大。降水量对小麦生产的影响是一个较为复杂的过程，与其不同生育期具体降水量密切相关，生育前期降水增加有利于小麦产量提高，而后期则会导致一定的减产。

干旱灾害，在小麦播种期、拔节至抽穗期、灌浆至成熟期 3 个时期影响最大。秋季是干旱发生的主要时段，轻、中、重旱的比例为轻＞中＞重。秋冬季节，黄淮海地区为降水稀少的季节，受干旱影响，常造成整地困难，延误适播期；或趁墒抢种后因旱失墒，出苗不齐，缺苗断垄；或"三干"（天干、地干、种子干）下种，冬前苗弱，不能壮苗越冬；干旱严重时，虽一般可抗旱造墒播种，但往往因造墒时间不同，造墒质量差异大或水源不足等，小麦播期拖拉，冬前苗情差异大，小麦产量必然受到影响。播种期干旱是淮北平原冬小麦生产的主要气象灾害之一。降水偏少是造成小麦播期干旱的根本原因，差额部分要靠冬小麦播种时土壤中的储水量（底墒）和灌溉来补充。若遇长时间的干旱，灌溉次数的多少，只能表现为减轻干旱程度的大小，并不能保证灌溉后干旱就不存在。

全球变暖已经成为全球气候与环境变化的主要特征，近年来各国干旱事件发生的频率和强度也在不断增加。21 世纪以来，我国发生多次重大旱灾，2006 年重庆严重干旱，2009 年我国北方地区夏秋连旱，2009 年年底到 2010 年西南 5 省秋冬春三季连旱，旱灾已经成为对我国农业生产影响最大的自然灾害。

黄淮海平原是我国最大的冬麦区，常年小麦播种面积 8.7×10^3 km^2，但黄淮海平原又是我国水资源严重不足的地区之一，人均水资源只有 790 m^3，远远低于我国平均水平。由于黄淮海平原冬小麦生长季正值降水稀少的时期，在冬小麦拔节、抽穗与灌浆的需水关键期（4～5 月），同期降水量仅占需水量的 1/5～1/4，水分亏缺量达 200 mm 左右，因此在冬小麦生产实践中干旱灾害频发。而且冬小麦拔节—抽穗期的潜在干旱减产率远远大于灌浆期，且有明显的南北差异，拔节—抽穗期的干旱减产率由南向北逐渐加重的区域分布由品种差异造成的影响不大，主要是各地气候差异所致。冬小麦同一水平的潜在干旱减产率，在拔节—抽穗期发生的概率要远远大于灌浆期，北部地区明显高于偏南部地区。

黄淮海平原冬小麦除江苏和安徽及河南小部分区域以外，均有灌溉的习惯，因此，虽然近些年来黄淮平原的干旱有加重的趋势，但是由于灌溉水量较为充足，在干旱的年份并不一定形成冬小麦的减产，反而近些年来随着其他田间管理措施的不断优化，产量有增加的趋势，但是，过去几十年来黄淮海平原的降水量呈明显下降，而由于农业用水量大，水资源的不足导致大规模开采地下水以致地下水使用过度，部分区域已经出现地下水漏斗区。在未来气候变化情景下，如果灌溉量不能充分保证，气候干旱将会对冬小麦生产造成潜在的影响。中国是水资源不足的国家，北方尤其缺水，有限的水资源要用在关键地区和时期，应节水抗旱、长期抗旱。

河南省地处我国中东部的中纬度内陆地区，地形复杂，山地、丘陵、平原、盆地等多种地貌类型俱全。受太阳辐射、东亚季风环流、地理条件等因素的综合影响，气候为亚热带向暖温带气候过渡的大陆性季风气候。冬小麦是其主导农作物，由于特殊的地理位置，河南省气候复杂多样，干旱灾害发生频繁，持续时间长，且年际间变化也不一样，对小麦生长发育和产量的影响也较大。河南省干旱分布变化较大，北部和西部自然降水少，土壤干旱严重，地形又多是丘陵和山地，虽然地下水源丰富，但各地灌溉条件发展很不平衡，成为干旱重发区；中部许昌和豫东商丘一带，自然降水少，干旱常常影响小麦正常生长发育，小麦生育后期灌溉条件也跟不上，成为干旱高发区；南部驻马店一带，多是平原，全生育期降水丰沛，达 300～400 mm，但由于降水时空分布不均，且年际间降水变异系数较大，常有局部干旱发生；西南部的南阳盆地，自然降水量少，地势又多是丘陵坡地，没有灌溉条件，小麦常受到干旱威胁；南部的信阳一带，小麦种植面积较小，全生育期降水丰沛，连阴雨天气过程较多，常有湿害发生，小麦干旱灾害发生程度较轻。在干旱空间分布上，无论是轻、中、重旱还是总的干旱情况，都以北部林州，西部大部，中部许昌，南部西平、驻马店发生较重，其他地区干旱发生相对较轻。

2. 受干旱影响的风险分析

根据全国自然灾害损失统计，气象灾害损失占全部自然灾害损失的 61%，而旱灾损失占气象灾害损失的 55%，干旱已成为中国主要自然灾害之一，尤其是北方冬麦区的主要农业气象灾害——干旱对我国小麦生产有很大的影响，重灾年份如 2006 年北方地区小麦受灾面积超过 1.4 亿亩，43%的麦田遭受旱灾。受灾地区包括山东、山西、河南、河北、甘肃、北京、陕西等地，造成至少 2.34 亿美元的直接经济损失。在地域分布上，黄淮海地区是我国最大的干旱地区，面积居全国之首，这一地区的耕地面积占全国总耕地面积的 36%，而拥有的地面径流量仅占全国地面径流总量的 4.9%，每年旱灾面积约占全国旱灾面积的 50%左右，干旱发生的频率也最高。例如，2008 年冬天，黄淮大部及江淮大部累计降水量较常年同期偏少 50%～90%，一些地区连续无雨雪日数超过 70 天，一些地区累计雨量出现有气象记录以来最小值。干旱胁迫已经严重影响黄淮海冬小麦的生产，是限制小麦产量的主要因素，而且小麦全生育期都可能受到干旱胁迫。由于水资源时空分布不均，农作物生长的季节与降水年内分配不相适应，农业季节性干旱特征明显。北方地区干旱具有季节性规律。春季 3～6 月，降水量很少，占全年降水量的 24%～28%；气温回升快，风大，蒸发量大，极易干旱。春旱有一定阶段性周期，平均 2.9～3.9 年一次，春大旱约 6 年一次。夏季 7～8 月，气温属全年最高，降水较多，但由于降水量的年际变化大，分配极不均匀，所以伏旱经常发生。伏旱与伏大旱平均约 2.2 年出现一次。伏旱虽然发生在小麦成熟之后，对小麦生长发育没有直接影响，但往往造成水库蓄水减少和地下水位下降，以致灌溉水源不足，播种时底墒不足并影响小麦出苗。秋季 9～10 月，温度逐渐降低，降水量也在慢慢减少，但这个时候作物即将成熟，需要大量水分，易出现干旱，对翌年春旱具有一定的影响。冬季 11 月～翌年 2 月，雨量极少，降雪大多集中在腊月。冬季的降水量多少直接决定了翌年开春的干旱情况。春旱主要发生在黄淮流域及其以北地区，华北地区发生春旱的概率在 70%左右，有"十年九春旱"之说。

干旱的严重程度一般用干旱发生的时期和持续时间来衡量，干旱发生的时期对小麦品质的影响不同。小麦在分蘖期、拔节期、籽粒灌浆期对水分缺乏敏感，特别是籽粒灌浆期对水分缺乏更敏感（Wang et al.，2005）。一般，籽粒灌浆期前的干旱对小麦品质的影响比晚期大（Gooding et al.，2003），特别是拔节期的干旱品质最差，后期适当干旱反而品质较好（王育红等，2006；付雪丽等，2008；刘祖贵等，2008）；而且干旱程度严重才影响小麦品质，一定程度干旱反而促其品质升高（许振柱等，2003）。但也有研究发现小麦生育晚期干旱对籽粒品质的影响比早期影响大（Ozturk et al.，2004）。研究表明，干旱能促进清蛋白和球蛋白含量在灌浆初期的积累，但至灌浆末期转为降低；土壤水分缺乏不利于储藏蛋白（麦谷蛋白和醇溶蛋白）的积累（许振柱等，2003）。关于干旱对谷蛋白聚合体含量和径粒大小的影响，研究结果不一样。一般认为干旱或土壤水分缺乏不利于较多的谷蛋白大聚合体（GMP）形成。面团的流变学特性与蛋白质的含量和组成密切相关，因此，干旱对其各个参数也有一定影响。许振柱等（2003）研究发现严重水分亏缺会降低面团形成时间、稳定时间和评价值，但一定程度土壤水分亏缺反而促其升高。姚凤娟等（2008）发现粉质仪参数和面包体积呈现出随花后灌水次数增加先改善后变劣的趋势，并认为缺水或超需供水条件下面团流变学特性劣化主要是通过影响不溶性麦谷蛋白含量而起作用。

Singh 等（2008）研究了花后 8 天和 15 天水分胁迫对小麦籽粒中淀粉颗粒（A 型、B 型、C 型）分布和淀粉糊化性能的影响，结果表明：水分胁迫使 A 型淀粉颗粒增加，其中花后 15 天增加得更多；花后 15 天水分胁迫却使 B 型和 C 型淀粉颗粒含量减少；花后 15 天的水分胁迫使淀粉糊化温度降低，使峰值黏度、最终黏度值和回升值增加。王晨阳等（2008）发现淀粉的峰值黏度、低谷黏度、终结黏度、稀懈值及回升值等糊化参数均随干旱胁迫增强而增大，其中以稀懈值、终结黏度受水分胁迫的影响较大，而糊化黏度则受其影响最小。Balla 等（2011）也发现干旱或干旱+高温常常使淀粉中的 B 型淀粉颗粒的含量减少。干旱对最终加工品质的影响，Guttieri 等（2001）发现干旱会降低面条的亮度，却使面条的黄度增加。Guttieri 等（2000）研究表明减少灌溉将降低面粉出粉率，增加多酚氧化酶活性。

4.1.2　低温冻害

1. 受低温冻害影响的脆弱性分析

低温灾害主要是指作物在生长期间遭遇低于生育适宜温度，生理活动受到延迟或障碍，甚至某些组织遭到破坏的现象。0℃以上的低温危害称为低温冷害，发生在春、夏、秋季；0℃以下的低温危害称为低温冻害，一般发生在秋、冬、春季。小麦生产上因低温造成的冻害和冷害的危害很大，常造成作物大面积死亡，产量大幅度下降。在小麦生长的前中期，常会发生冬季的冻害和春季的倒春寒，对小麦生长产生了极大的危害。小麦受到冻害的时期和程度不同，对小麦产量影响的差异较大，越冬期冻害减产 5%～20%，早春冻害减产 5%～30%，晚霜冻害减产 15%～60%（皇甫自起等，1996）。但个别年份部分麦田的严重冻害或霜冻也有造成绝收的。低温冷冻害在我国的影响范围非常广，尤其是黄淮海地区。黄淮海冬麦区小麦在越冬、返青拔节期易受到冻害的危害，发生冻害时主茎和大分蘖的幼穗受冻，萎缩变形，失水干枯，逐渐死亡，严重影响产量形成。小麦在拔节期至孕穗期受到冷害的影响时，小花退化加速，结实率大幅降低，籽粒产量大幅下降。黄淮海平原地区是我国冬小麦霜冻多发区，历史上发生频率多为 30%～40%，地处黄淮海腹地的商丘甚至可达到 60%（李茂松等，2005）。

霜冻是在一次强冷空气侵入引起迅速降温的天气条件下发生的，往往 24h 降温超过 10℃。在作物生长季，旬、月平均气温都偏高的情况下，仍然可能出现日最低气温偏低而发生霜冻的情况。河南地处中纬度气候过渡地带，气候变暖往往在冬天和早春表现得比较明显，这就使得小麦拔节提早，抗寒力降低。之后遇到倒春寒天气，温度剧降，很容易发生霜冻害。河南省内的黄淮海冬麦区小麦栽培品种新中国成立初为强冬性品种，20 世纪 60 年代改为冬性，70、80 年代被弱冬性品种取代，近年更进一步广泛种植弱冬偏春性品种，种植品种春性化，使拔节期逐渐提早，抗霜力降低，在霜冻天气来临时易遭受巨大损失。

20 世纪 80 年代以来全球气候明显变暖，但冻害危害并没有减弱。气候变暖致使冬性小麦品种种植比例下降、春性品种种植比例上升，同时暖秋年份增多，使小麦抗寒锻炼强度减弱，旺长现象突出，这些因素导致小麦抗寒力下降，而气候变化具有不稳定性，冷暖突变剧烈，极端气候事件增多，因此冻害风险依然存在。例如，2004/2005 年度黄淮海冬麦区、2005/2006 年度河北中南部麦区均发生了大面积冻害。同时随着气候变暖，冻害发生区域、发生时期、类型及诱导因素等都发生了很大改变。

小麦遭受冻害，不仅与品种本身的抗寒力有关，而且与低温来临时小麦所处的发育时期有密切关系。如果一个品种从苗期到拔节期均能安全度过当地最低温度，则表明其抗寒性较好。如果仅在某一个时期比较抗冻，其他时期不抗冻，则说明其抗寒能力仍需加强。在选择抗寒品种时，应该注意全生育期抗寒性的选择。李淦等（2006）研究河南省主推小麦品种的抗寒能力发现，百农矮抗 58 从苗期到拔节期均表现出较强的抗寒能力，可以作为河南省抗寒品种进行推广应用；邯郸 6172 抗寒能力也很强，但容易受倒春寒的影响，可以在倒春寒发生轻的地区利用，而豫麦 49 号、豫麦 54-99 系、豫麦 18 号、豫麦 2 号的抗寒能力偏弱，在低温年份应注意防冻。李晓林等（2013）研究了黄淮海 8 个主推品种的抗寒性，发现越冬期抗冻性以冬性品种最好，弱春性品种最差，半冬性品种介于两者之间。在拔节期，以陕 229、皖麦 38 和淮麦 20、西农 979 的抗寒性较好。

小麦的冻害可分为冬季冻害和春季冻害，冬季冻害通过品种选择和播种期调整多数年份是可以避免的，但春季冻害单靠品种是难以避免的。春季冻害对小麦生育的影响，按时间可分为小麦返青至拔节期的早春冻害、小麦拔节期至孕穗期的晚霜冻害。早春冻害在河南省及黄淮海南片麦区发生的概率较小。小麦晚霜冻害发生次数多，危害严重。历史上比较严重的晚霜冻害是 1953 年 4 月 12 日、19 日河南省冻害面积达 47.8%，1954 年 4 月 20 日，全省霜冻面积也很大。小麦完成春化阶段发育后抗寒能力显著降低，在通过光照阶段开始拔节时，抗御 0℃以下低温的能力明显下降。此时若寒潮来临，最低气温骤降至 0℃以下，便会发生春季冻害。特别是小麦拔节后，幼穗发育进入雌雄蕊形成至药隔前期对低温极为敏感，幼穗的抗霜冻能力骤然下降。此时，地表最低温度下降到 0℃左右（相当于最低气温 4~5℃），就足以造成小花或花粉败育，导致穗粒数明显减少。春季晚霜冻害的危害程度主要取决于降温幅度、持续时间及霜冻的来临与解冻是否突然。一般降温的幅度越大，霜冻持续的时间越长，危害的情况也越严重。冻害发生面积较大、程度较重的品种大部分是起身拔节快、穗分化进程快的早熟和中熟半冬性品种（穗分化敏感期与低温来临时间相吻合），或抗旱能力偏弱的品种受冻害偏重。抽穗早的弱春性品种及抽穗很晚的冬性偏强的品种受冻害较轻（穗分化敏感期躲过了低温）。抽穗早的反而没有受冻是由于霜冻恰好发生在敏感期之后。但总体来看，还是抽穗越早，敏感期遭遇霜冻的概率越大。一般肥力高，冬前形成壮苗，春季浇水追肥的麦田或地势高的麦田冻害较轻。弱苗麦田冻害重。播种时间偏早、发育进程快的麦田，播种偏晚、冬前苗小的麦田，或播量过大、苗势弱的麦田，返青拔节期干旱缺肥的麦田，及多年旋耕、秸秆还田土层蓬松、犁耙质量差（播种深）、苗势差的麦田的冻害都偏重。

晚霜冻受冷空气直接影响，最低气温是主要影响因素，鲁坦（2013）的统计结果发现，河南省北部、西部、东部这些省边界地区最低气温相对偏低，可能是由于强冷空气多以东路、中路、西路路径从边界入侵河南。在河南，豫东南地理纬度最为偏南，太阳辐射最强，平均气温高，并且影响河南的冷空气多自北向南移动，到达豫东南的冷空气势力逐渐消减，晚霜冻不易发生；豫西南、豫东南地区受中低层水汽输送充沛影响，云、雨、雾、雪、冻、雨等天气造成地面辐射降温不明显，一般不易发生晚霜冻；晴空微风的夜晚辐射型晚霜冻容易发生，但夜间风力很大时，尤其是地面出现西北大风时，近地层湍流加强，不利于温度下降，晚霜冻不易形成。豫东北及豫北北部和东部、豫西山区和豫东东部是河南省晚霜冻重发区，南阳、信阳、驻马店中南部及漯河、许昌一带是小麦晚霜冻轻发区，主要发生在每年深秋至翌年初春。

近年来，黄淮海冬麦区的气候特征正发生明显变化。由于冬暖春寒现象不断出现，主栽品种向春性化发展，小麦拔节期提前，导致小麦春季冻害的现象时有发生，据统计，2004/2005 年度黄淮海冬麦区和长江中下游冬麦区两大主麦区发生了大面积的冻害，冻害面积达 406.7 万 hm^2，仅河南冻害面积就超过 133.3 万 hm^2，其中约 26.7 万 hm^2 绝收。适宜播种时期受天气影响正发生改变。

2. 受低温冻害影响的风险分析

小麦在生长发育过程中，当温度下降到适宜温度的下限时，植株就延迟或停止生长，这就是所谓的低温灾害。低温灾害可分为零上低温灾害和零下低温灾害。小麦的零上低温危害称为冷害。第一种情况是秋季和冬前气温明显偏低，导致生长量不足，叶面积小，分蘖数少，光合积累少，形成弱苗，对翌年生长发育不利，尤其是晚播麦。第二种情况是春季气温持续偏低，小麦发育显著延迟，虽然直接危害不明显，但极大地增加后期高温逼熟和风雨倒伏等灾害风险。第三种情况是小麦孕穗期的花粉母细胞形成到四分体时期对低温极为敏感，穗部温度降到 0～0.5℃（最低气温 4～6℃），就有可能导致花粉败育。但孕穗期受害仍以霜冻为主，多数情况下都达到了 0℃以下。零下低温灾害可分为冻害和霜冻害，其中冻害是指农作物在越冬期间，遭受 0℃以下低温或剧烈降温时，造成的灾害；而霜冻多发生在冬春和秋冬之交，此时冷空气突然入侵或地表骤然辐射冷却，土壤表面、植物表面温度降到 0℃以下，细胞原生质受到破坏，植物就会受害或者死亡。我国跨温带和热带两大气候带，东亚季风气候特征显著，大陆性气候特点明显，农业气候条件变率大，自然灾害发生频繁。霜冻作为一种主要的农业气象灾害，在我国从南到北、从东到西都时有发生；总体而言，小麦霜冻的发生与当地的热量条件，以及气候变率的关系非常密切。

20 世纪 80 年代以来，全球变暖成为人们共识，但对霜冻往往存在着一些错误的认识：全球变暖将导致霜冻发生减轻，从而忽视霜冻研究的必要性；实际上，全球变暖并不意味着霜冻发生概率和潜在危险的减弱。黄淮麦区是我国冬小麦霜冻的多发区，历史上发生频率多为 30%～40%（冯玉香等，1999），胡新等（2014）统计分析 1981～2000 年的这 20 年中霜害发生的情况，结果表明，1981～2000 年，霜冻害发生多达 9 次，发生频率高达 45%；地处黄淮腹地的商丘市更高达 60%，是历史上最频发的时期，1995 年河南省发生霜冻害面积 $9.7×10^5 hm^2$，商丘市有 90%麦田受害，幼穗冻死 20%～50%的就有 $3×10^5 hm^2$。甚至研究表明，在气候变暖的情况下，霜冻害发生不仅没有减轻，反而加重，究其原因：一是从气象方面看，全球变暖是一个长时间、缓慢、非直线的过程，不同地区的变暖趋势也各不一样；在中纬度地区，气候变暖使得小麦拔节提早，抗寒力降低，一旦遇到倒春寒天气，很容易发生霜冻害。二是从农业政策的调整和种植制度的改变来看，全球气候变暖导致种植边界北移，原来种植的一些品种不再适应继续种植。一旦春季发生倒春寒，将造成小麦的大幅霜冻发生。

4.1.3　高温、干热风

1. 受高温或干热风影响的脆弱性分析

高温引起植物伤害的现象称为热害。目前短时间高温出现频率不断提高，对小麦后期的正常生长产生了较大的危害。黄淮流域小麦生产时常受到高温的影响，出现高温逼熟的现象。小麦花后籽粒在高温影响下，千粒重显著下降，造成籽粒产量大幅度下降。其中前期的危害最大，随着高温危害时段的后移，千粒重下降幅度也逐渐减小。高温胁迫对小麦的危害主要表现为干热风和高温逼熟，其影响后果主要为灌浆期缩短，粒重降低，产量严重下降。干热风是小麦生长发育后期的一种高温低湿并伴有一定风力的农业气象灾害，是我国北方麦区小麦生产中主要的气象灾害之一。雨后青枯是与干热风并列的另外一种热害，发生时通常无风或风很小，主要是危害乳熟后期，表现为雨后猛晴和相对的高温低湿。干热风和雨后青枯发生危害程度与小麦生育阶段的关系密切，除扬花期高温外，干热风主要发生于乳熟中后期以后。扬花后期—乳熟初期，小麦生理活动比较强，受外界环境条件干扰较小，干热风造成的危害较重，使有效小穗数和小花数降低，但不能直接从作物受害症状表现出来。

一般区域性干热风几乎年年都有发生。一般年份干热风可使小麦减产 1～2 成，严重年份减产 3 成以上。赵俊芳等（2012）的统计结果表明，1961～2010 年，就空间平均分布状况而言，黄淮海地区轻、重干热风年平均发生日数和干热风过程次数分布具有一致性，总体呈中间高、两头低的趋势，且地区间差异都很显著，同纬度地区的内陆高于沿海。河北省的北部和西北部、河南省的东南部一带等地干热风危害最轻，河北省南部、河南省西北部等地干热风危害最重，轻、重干热风出现的平均日数最多，分别超过 8 天和 4 天，干热风出现的过程次数也最多，分别超过 2 次和 1 次，该地作物产量受到很大冲击，生产相对更脆弱。实际生产中，必须重视小麦干热风灾害的防御，可从生物措施、农业技术措施和化学措施着手来减小干热风对小麦生产的影响和危害，最有效的措施是改善农田小气候和设法增强小麦抗干热风能力。

河南省干热风发生的总体特点是：南少北多、南轻北重；雨后青枯总的发生规律是西南部轻东北部重。干热风特点是发生时温度猛升，空气湿度剧降，最高气温可达 30℃

以上，相对湿度降至 30%以下，风力在 3 m/s。干热风主要危害小麦的扬花灌浆，在高温、低湿及大风的条件下，小麦叶片光能利用率低，籽粒形成期缩短，千粒重明显下降。

高温胁迫发生的时期对蛋白质组成积累有显著影响。李永庚等（2005）将灌浆期分为前期（开花后 1～10 天）、中期（开花后 11～20 天）、后期（开花后 21～30 天），对其分别施加高温胁迫，结果表明小麦蛋白质的组成和品质对不同灌浆阶段的响应存在显著差异。前期高温胁迫导致麦谷蛋白/醇溶蛋白的值及麦谷蛋白大聚合体含量增加，湿面筋含量、沉降值、膨胀势和峰值黏度等指标显著提高；灌浆中期高温却导致上述指标降低；灌浆后期高温在造成粒重减小、产量降低和淀粉品质下降的同时，却有利于蛋白质含量的提高。灌浆后期高温有利于蛋白质含量提高的前提是基本正常成熟，如果因强干热风或雨后青枯导致小麦突然枯死形成腹沟很深的瘦粒，则蛋白质含量会显著降低。敬海霞等（2010）发现花后 20 天高温胁迫的影响略大于花后 10 天。大量研究表明，灌浆期或开花后高温使小麦籽粒蛋白质含量、面筋含量、SDS 沉淀值、清蛋白、球蛋白和醇溶蛋白含量增加，但降低谷蛋白含量，导致麦谷蛋白/醇溶蛋白值降低（Blumenthal et al.，1991，1995；戴廷波等，2006；陈希勇等，2007）。高温可使麦谷蛋白中的可溶性谷蛋白和不可溶性谷蛋白含量减少，使谷蛋白大聚合体含量减少（Blumenthal et al.，1995），并使谷蛋白大聚合体（GMP）的结构和径粒分布发生改变。

研究高温对面团流变学特性的影响结果表明，高温使面团形成时间和稳定时间缩短（张洪华等，2008），耐搅拌力变弱，还使面团的抗延伸阻力变小（Blumenthal et al.，1991）。一般，花后高温能提高直链淀粉含量，但降低总淀粉、支链淀粉含量和支直比（戴廷波等，2006；赵辉等，2006；吴翠平等，2007；敬海霞等，2010）。此外，灌浆期高温也影响淀粉的糊化特性。吴翠平等（2007）研究发现灌浆中期高温胁迫能显著降低峰值黏度、稀懈值、最终黏度。高温对小麦籽粒蛋白质、淀粉及面团流变学特性的影响，都会反映在最终加工产品上。有研究表明，高温与面包体积和面团强度呈负相关（Randall et al.，1990）。自然界中某种胁迫一般不是单独发生，如小麦籽粒灌浆期的干旱和高温往往同时出现。干旱和高温胁迫同时发生，会产生比单独发生干旱或高温更严重的影响。

2. 受高温或干热风影响的风险分析

随着气候变化，极端高温事件增加，高温胁迫的风险也在升高，成为未来小麦产量下降，以及产量波动风险上升的重要原因。

气候暖干化使小麦干热风发生区域扩大、次数增多、强度增强、危害加重，一般可使小麦减产 10%左右，严重时可减产 20%以上。河南省 1967～1996 年干热风发生日数呈减少趋势，在最近的几个 30 年间，如 1976～2005 年、1977～2006 年、1978～2007 年干热风的频率呈增高趋势，且干热风灾害局地性、突发性较强，冬小麦灌浆期仍面临着灾害的威胁；河北省冬麦区轻度和重度干热风的周期、年代际变化等均具有不同特征，干热风偏多、偏少除与同期气温、降水有关外，还与同期 500 hPa 环流形势场关系密切。

4.1.4 冬小麦生产受复合胁迫影响的脆弱性和风险分析

生产中以季节性干旱为主的复合胁迫对小麦影响呈加剧趋势，发生概率增大，危害程度增加。

1. 干旱与低温冻害复合胁迫的影响

在小麦生长发育过程中，受到多种逆境胁迫，干旱和低温是常见的逆境胁迫，往往交叉出现影响小麦生长。干旱会导致小麦光合性能降低，生长发育受到抑制，产量下降。低温影响植物的生长和代谢，导致植物受到伤害、减产，严重时还造成植物死亡。2008～2009 年冬春之交，我国黄淮麦区遭受了多年不遇的严重气象干旱，部分麦田播种以后长时间无有效降水，小麦耐受低温能力显著降低，低温来临，旱寒叠加，再加上春季倒春寒危害，发育过程中低温敏感时期与低温危害时期相吻合的品种出现了明显的春季冻害，结实性受到一定影响。部分地区冬小麦出现了黄苗死苗现象，特别是黏质土壤地区，死苗情况更加严重。沙土壤土地区旋耕播种冬小麦受冻现象较为严重。出现这种极端气候的原因是全球气候变暖，气候变化异常。通过对目前生产上大面积推广的旋耕调查的结果显示，旋耕后的土壤过于疏松，特别是黏土，坷垃较多，与以往的传统铧式犁整地相比，不能达到上实下虚的播种环境，影响小麦种子的萌发、出苗和根系的下扎，而且土壤间隙较大，不利于保墒，若遇大风天气土壤水分急剧散失，导致小麦缺水，生长缓慢，苗弱苗小，发育不良。入冬之后，气温逐渐下降，容易导致麦苗受冻，特别是气温变化较大时，冻害更严重，部分弱苗枯黄、枯死，对小麦后期成穗数造成影响。

2. 后期干旱与高温复合胁迫: 干热风, 或不形成干热风的影响

开花至成熟是小麦籽粒产量和品质形成的关键阶段，该期间我国北方麦区气温回升快，极端高温（超高 35℃）频繁发生，且降水量少、时空分布不均、年际间变异较大，高温与干旱常相伴发生，尤其是在干燥大风条件下，形成典型的干热风，造成小麦减产 10%～20%，品质明显下降。

高温、干热风可使小麦的功能叶光合速率下降，蒸腾强度骤然加强，从而造成小麦植株迅速脱水，并导致小麦叶片蛋白质被破坏，旗叶总氮、蛋白质含量减少，氮代谢被破坏。此外，还可导致小麦根系活力减弱，使小麦灌浆速度减慢、时间缩短，造成高温逼熟，从而影响小麦产量。小麦拔节至开花期，如遇高温、干热风，常导致单株穗数、穗粒数、小穗数和粒重减少，株高和总干物质含量下降，开花期提前，产量明显下降。研究发现，开花后 1～3 天的高温、干热风可使小麦产生单性结实籽粒和皱缩籽粒，开花后 6～10 天的高温、干热风会产生发育不全和灌浆不饱的籽粒。封超年等（2000）研究发现，花后 1～3 天、5～7 天、12～14 天的高温（干热风），虽会在短时间内提高籽粒胚乳细胞的分裂速率，加速胚乳细胞发育进程，但胚乳细胞分裂时间会显著缩短。Bruckner 和 Frohberg（1987）研究表明，在籽粒灌浆期间，日均高温每增加 1℃，籽粒灌浆持续期缩短 3.1 天，籽粒重量下降 2.8 mg。

高温不仅加快籽粒的灌浆进程，而且影响淀粉的形成过程，同时更为重要的是高温能够影响与淀粉合成有关的各种酶的活性。William 和 Kent（2003）在小麦籽粒生长期间研究了高温对淀粉积累、颗粒数量及合成途径中关键酶活性的影响，结果表明，开花

至成熟期高温可以缩短淀粉积累的持续时间，使淀粉合成关键酶的活性高峰提前，且降低了关键酶的活性。Keeling 等（1988）对温度影响可溶性淀粉合成酶（SSS）活性的研究表明，该酶活动的最适温度为 20～25℃，当用 35℃处理小麦种子 30 min 后，SSS 活性可降低 50%，这种现象被称为"Knock-down"。研究表明，高温提高了灌浆初期小麦籽粒中蔗糖合成酶（SS）和结合态淀粉合成酶（GBSS）的活性，但降低了灌浆后期 SS、GBSS 和可溶性淀粉合成酶（SSS）的活性。

高温、干热风可使小麦的灌浆期缩短、粒重降低、品质变劣。随着全球气候变暖，小麦受到高温、干热风的危害将明显加重。温度主要通过影响小麦生化反应及对营养物质的吸收强度而影响小麦籽粒品质。在小麦种植区超过 25℃以上的高温就会造成籽粒灌浆期缩短，使灌浆提前结束；在灌浆期间，短时间高温（1 h，35℃）就可导致面包体积变小、面团强度降低，且使面团形成时间缩短，其与高温胁迫的时间明显相关。Stone 等（1994）通过对 75 个小麦品种研究发现，小麦开花后短时间的高温胁迫（日最高 40℃，3 天）就可以使小麦品质变劣，面团膨胀势变小。Sofield 等（1977）研究表明，灌浆期间升高温度可以提高蛋白质与淀粉的相对比例，当温度升高到 30℃时，蛋白质和淀粉的合成速度都降低，但对蛋白质的影响要相对较小，这似乎表明高温提高蛋白质含量不是因为含氮量的改变而是由于淀粉合成受抑制造成的。另外，高温也会促进籽粒中醇溶蛋白的合成，提高醇溶蛋白与麦谷蛋白的比率。高温胁迫在小麦灌浆期内有其时空分布特点，不同灌浆阶段的高温胁迫对小麦品质的影响有所不同，不同灌浆阶段（前期、中期、后期）高温胁迫（36℃，3 天）对最大抗延阻力均有影响，但中后期高温胁迫的影响不显著；前期高温胁迫使蛋白质含量显著降低，对产量影响较大，中后期胁迫对蛋白质含量的影响较小，对小麦品质影响较大。

敬海霞（2010）研究结果表明，花后高温处理使小麦籽粒千粒重和产量均降低。后期高温处理对千粒重和产量的影响大于前期（表 4-1）。高温干旱有显著的互作效应。高温干旱复合胁迫对小麦籽粒产量的影响大于单一因子的影响（表 4-2）。

表 4-1　高温处理对不同筋型小麦产量的影响（2008～2009 年）

品种	处理时期	处理	千粒重/g	盆产量/（g/pot）
郑麦 366		CK	44.78a	54.60a
	花后 5 天	T1	36.41b	48.04a
		T2	28.73b	34.63b
		CK	44.78a	54.60a
	花后 15 天	T1	32.82b	48.96b
		T2	32.23b	46.50b
豫麦 50		CK	48.04a	54.35a
	花后 5 天	T1	33.83b	41.97b
		T2	37.13ab	38.24b
		CK	48.04a	54.35a
	花后 15 天	T1	35.80b	44.94ab
		T2	33.44b	42.30b

续表

品种	处理时期	处理	千粒重/g	盆产量/(g/pot)
洛旱2号	花后5天	CK	42.26a	45.75a
		T1	38.18ab	37.50ab
		T2	30.99b	31.68b
	花后15天	CK	42.26a	45.75a
		T1	29.52b	31.72b
		T2	29.37b	30.99b

注：CK：对照；T1：38℃高温处理2天；T2：38℃高温处理4天。同列内平均值后有相同小写字母的表示差异未达到显著水平

表 4-2　高温与干旱条件下小麦粒重及产量方差分析表（F 值）

品种	指标	高温	干旱	时期	高温×时期	干旱×时期	高温×干旱	高温×干旱×时期
郑麦366	千粒重	68.89**	5.32*	0.67	4.27*	0.61	8.27**	4.83*
	盆产量	134.11**	185.00**	3.27	3.43	17.11**	2.30	16.89**
豫麦50	千粒重	73.14**	15.52**	5.40	4.57*	3.05	0.29	3.58
	盆产量	145.84**	128.67**	1.2	4.51*	18.93**	5.21*	14.26**
洛旱2号	千粒重	135.69**	29.74**	16.57**	33.51**	0.10	6.91*	15.00**
	盆产量	239.64**	13.33**	17.28**	22.55**	1.31	21.45**	10.35**

*，**表示差异达到5%或1%显著水平

卢红芳（2013）的研究结果发现，灌浆期高温、干旱胁迫影响小麦籽粒 A 型淀粉粒和 B 型淀粉粒的分布与组成比例（体积、表面积百分比），同时淀粉粒的形态特征也有差异。干旱胁迫使小淀粉粒明显缩小，前期单一高温胁迫处理及其复合胁迫均使大淀粉粒明显变小，而且在复合胁迫下，淀粉粒有较明显的凹陷变形（图 4-1）。

小麦成熟前 10 天左右出现的雨后高温低湿天气，即在高温的时段里，先有一次降水过程，雨后放晴，气温骤升（平均上升 6℃，最大达 10℃以上），空气湿度剧降（相对湿度平均下降 23%，最大达 46%），蒸腾强度平均增加 28%，根系吸水力平均下降 16%，导致细胞脱水，造成茎叶青枯死亡。这类干热风所造成的危害更加严重。

3. 高温与渍害复合胁迫（南部地区稻茬小麦）的影响

随着全球气候变暖，极端天气出现频率加大，在中国黄淮南部麦区，小麦生育中后期土壤渍水和高温胁迫发生的频率和危害程度呈增加趋势，且常出现复合胁迫的危害，严重影响小麦产量形成和品质性状。土壤渍水缺氧造成小麦根系吸收能力下降，削弱植株光合产物的合成与积累，改变光合产物在地上和地下部分的分配比例，最终可导致小麦减产 20%以上。后期高温胁迫加速植株水分散失，使细胞脂质过氧化加剧，叶绿体生物合成受阻，籽粒灌浆期缩短，穗粒数减少，粒重降低，导致小麦明显减产，而高温与土壤渍水双重胁迫严重抑制小麦产量形成，使减产幅度更大。在影响小麦品质方面，灌浆期渍水显著降低籽粒淀粉含量和支链淀粉含量，增加直链淀粉含量，从而不同程度地增加籽粒直/支链淀粉值；而高温胁迫因灌浆期缩短，淀粉积累提前结束，严重抑制籽粒淀粉积累。

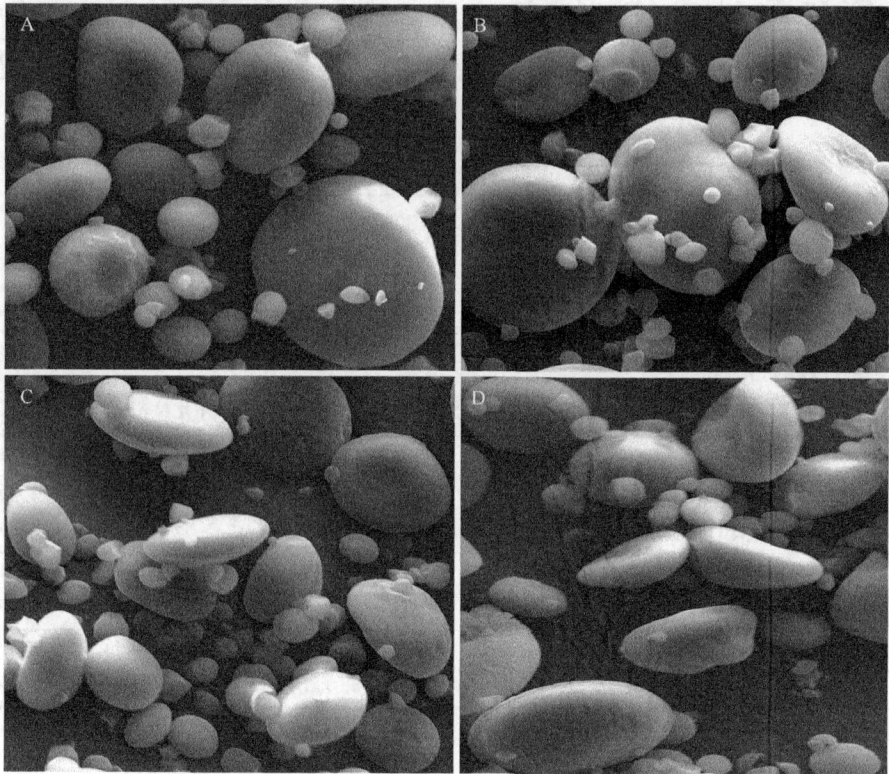

图 4-1　对照（A）、干旱胁迫处理（B）、前期高温胁迫处理（C）及复合胁迫处理
（D）分离淀粉粒形态电镜扫描图（放大 1000 倍）

张艳菲等（2014）研究表明，土壤渍水、高温使小麦淀粉产量显著下降，土壤渍水和高温复合胁迫明显加重了危害。逆境胁迫改变淀粉组分和淀粉直/支值，导致主要淀粉糊化参数变化。与土壤渍水相比，高温对淀粉糊化参数的影响更大，而复合胁迫未表现出加重影响的现象。高温和渍水复合胁迫使籽粒总淀粉和支链淀粉含量显著降低，花后渍水、高温及复合胁迫均导致小麦粒重的下降。渍水使两品种蛋白质及其组分含量降低，高温使蛋白质及其组分含量增加。高温对粒重的影响大于土壤渍水，而二者复合胁迫加重了危害。

4.1.5　冬小麦生产受病虫害影响的脆弱性和风险分析

1. 受病虫害影响的脆弱性分析

农作物病虫害的消长与成灾除了受其自身生物学特性影响外，还受农作物品种、耕作栽培制度、施肥与灌溉水平等的制约，特别是受气候条件的影响很大。几乎所有大范围流行性、暴发性、毁灭性的农作物重大病虫害的发生、发展和流行都与气象条件密切相关，或与气象灾害相伴发生，一旦遇到灾变气候，就会大面积发生流行成灾。许多农民为了提高产量，盲目早播、加大播量，增施氮肥，导致群体过大、植株过密，个体瘦弱，田间过早荫蔽，通风透光差，小麦的抗病性降低，从而有利于病害的发生和危害。

品种抗、耐病性不强。一般农民为了高产，只注意小麦品种丰产的农艺性状，而忽视其抗、耐病性。

温度与降水是影响农业病虫害发生面积的主要气象因子。降水多、空气湿度大有利于喜湿性病害如小麦条锈病、小麦赤霉病等的发生发展，但对棉铃虫等虫害的扩展蔓延会产生一定的抑制作用。像小麦条锈病这类好阴凉喜湿、怕干旱高温的病害，冬季气温高有利于其发展而夏季高温则不利于其发生、发展。气候变暖，尤其是冬季增温有利于病虫卵及成虫安全越冬。农业病虫害也随之产生了一些变化：越冬病虫卵蛹死亡率降低，病害虫数量上升、出现范围扩大、农业害虫的年发生世代增加等。另外，气候变化还可能使新的病虫害类型出现，农业因病虫害造成的损失更为严重。暖冬造成主要农作物病虫越冬基数增加、越冬死亡率降低、翌年病虫害发生加重。冬季变暖后，有利于害虫安全越冬，其起始发育时间提前、发育速度加快、发育历期缩短、繁殖力增强，其危害时间延长，危害程度加重。

降水是影响多数病菌侵染、繁殖、扩散和害虫种群数量变化、迁入迁出等的主导因子之一。气候变化背景下降水变异导致的不同区域、不同时段的降水增减及高温干旱、暴雨洪涝、阴雨高湿等雨湿条件变化，对区域农作物病虫害的时段消长与成灾产生了显著影响，温室效应所带来的气候变化使中国近 15 年年平均气温增加 0.1~0.9℃，北方增幅明显高于南方，平均达 0.5~0.9℃，降水增减幅度为 3%~10%，我国现行种植界限将向北推移 150~250 km。与气候变化造成的温度、降水异常，种植制度变化相对应，暖冬有利于农作物病虫源（菌）的越冬、繁殖；使其危害的地理范围扩大，程度加剧；并使目前病虫害危害不严重的温凉气候地区危害加重；温度升高使害虫春季迁出的时间提前，秋季回迁的时间推迟。

河南省小麦种植区位于华北平原中熟冬麦区的南部边沿，冬前气候温暖，越冬小麦生长不停，易形成旺长；4~5 月气温回升快，灌浆中后期常遇干热风等灾害性天气的危害，小麦生长发育具有"分蘖期长、幼穗分化期长、灌浆期短、易发病虫害"的特征，同时，群众又有重施氮肥、轻施磷钾肥的习惯。河南北部地区随着小麦生产环境的不断改善，病虫害始终是制约产量和品质提高的重要因素之一。河南北部灌水条件好的地块金针虫、丛矮病近年来有小规模发生，其发病是靠灰飞虱传播的病毒病，其侵染有小麦出苗后和小麦返青后两个高峰期。近年来该病是小麦生产中的主要病害之一，该病主要发生在小麦叶鞘和茎秆上，拔节后症状明显。孕穗至抽穗、开花期的主要病害有白粉病、条锈病、叶枯病、颖枯病，主要虫害有麦蚜黏虫和吸浆虫等多种病虫集中发生期和危害盛期。

黄淮麦区发生的小麦主要土传病害有纹枯病、全蚀病、根腐病、黄花叶病毒病、包囊线虫病等。发生危害加重的原因主要有：秸秆还田，政府对秸秆禁烧工作力度不断加大，秸秆还田面积迅速扩大，秸秆还田增加了土壤有机质含量，但大量未经处理的小麦病残体直接混入土壤，导致土壤中病原菌数量迅速增加，分布更加均匀，非常有利于纹枯病、全蚀病、根腐病、黄花叶病毒病、线虫病等病菌的传播蔓延，使土传病害由点到片，由零星发生到普遍偏重发生。小麦连作及与禾本科作物轮作，导致土传病害的病原菌在土壤中大量积累，使小麦根系处于一个易感病的环境中，增加了发病机会，有利于小麦纹枯病、根腐病的发生。早播及播量大也有利于纹枯病、全蚀病、线虫病的发生。早春降水量偏大的年份,以及冬季气温低、小麦受冻后抗病能力下降,会导致土传病害的严重发生和蔓延。农民防病意识淡薄只重视对小麦地下害虫的防治,对小麦土传病害的防治认识不足,只用杀虫剂拌种或使用劣质的种衣剂拌种,甚至不采取任何措施直接播种,导致小麦土传病害的发生越来越重。农机具跨区作业将不同地区病菌带入作业区,形成新的传播途径,使土传病害传播距离和面积都迅速扩大,危害加重。除了上述栽培管理措施及气候因素导致土传病害严重发生外,种子的无序生产和调运以及现行种衣剂质量差、防效低也是重要原因。

2. 受病虫害影响的风险分析

小麦病害虫的生长发育、繁殖、越冬及分布等生态学特征与气候,特别是温度条件有密切关系。因此,全球性的气候变暖,将对作物病害虫的发生世代、越冬北界及分布范围产生巨大的影响,危害将呈加重趋势。据统计,中国常年病虫害发生面积 2.00 亿～2.33 亿 hm^2,是耕地面积的 2 倍多,每年因病虫害造成的粮食减产幅度占同期粮食生产的 9%。气候变暖后,病虫害的危害程度将加重 10%～20%,因病虫害造成的粮食减产幅度将进一步增加。

气候条件对小麦病虫害的发生影响越来越大,且随着气候变化的加剧,其发生规律、频率及强度均产生了显著的变化。小麦赤霉病是危害小麦生产的主要病害之一,也是一种典型的气候型病害。该病流行程度在地区间、年际间的差异,主要取决于气候条件。越冬的菌源是发病的基础,而影响菌源数量的主要气候因子之一就是冬季的温度,气候变暖则易增加翌年的发病率。小麦白粉病也是小麦生产中发病面积较大、危害损失严重的常发性病害,严重危害到小麦的生产。气候条件是影响小麦白粉病发生流行程度的决定因素,主要原因是适宜发病的湿度时间加长,雨日雨量加大,以及田间高密度群体和高湿度生境给病菌提供了良好的增殖条件。麦蚜是小麦产区的主要害虫,特别是由其传播的小麦黄矮病和黄叶病在流行年份引起的产量损失更为严重。随着气候变暖,蚜虫种群为了适宜气候变化,由低海拔川区向高海拔山区迁飞的时间提前,且高峰期蚜量呈增加趋势。此外,小麦吸浆虫也严重影响小麦生产,受吸浆虫危害的小麦一般减产 5%左右,严重的减产 10%～20%,甚至绝收。

4.2 冬小麦生产适应极端事件机理分析

联合国政府间气候变化专门委员会 IPCC 的第三次评估报告中将对全球变化的适应定义为,生态、经济或社会系统响应现实或预计的气候变化及其影响,旨在减轻危害或开发有利机会以调整自身的行为。作物适应行为类型很多,如利用抗冻能力强的冬性或半冬性小麦品种而替代抗冻性差的春性品种,选用耐温抗热性强的品种以取代对高温敏感的品种,加深耕层以提高土壤蓄水保墒能力、增加植株抗旱性等。适应行为即趋利避害,从根本上讲,适应的目的是为减少气候变化带来的风险和充分利用有利机遇。IPCC认为适应行为可以是自发的,也可能是规划的,它能够在实际过程中付诸实施,以响应已发生或预期的气候变化。适应可以是对不利影响或脆弱性的响应，也可以是对机遇的响应，对全球变化的适应行为在自然系统和人类系统中均会发生，其中，人类在适应过程中的主动性显得特别重要，某些自然的适应过程将受到人类的干预。

小麦对气候变化的适应度是指小麦在一定的时空范围内相对其他时段或区域对气候变化各组成要素变化的适应程度。小麦对气候变化的适应度越大，说明小麦针对气候变化的适应能力越强，其要达到可持续发展目标的调控程度越小，反之亦然（张立伟等，2011）。王新华等（2011）的研究结果表明，冬小麦对温度、降水、日照的适应度存在时空差异性。在空间上，气候适应度的变化有着从平原向山地、由北部向南部、由东部向西部逐渐下降的趋势，而且区域总体在近 10 年以来上升趋势比较明显。苏坤慧等（2010）对河南省境内受淮河流域气候变化影响的小麦适应度特征的研究显示，小麦对气候变化的适应度在 1950～2006 年维持在 49%～61%。通过采用一些适应性技术措施，如品种选育、种植结构调整、先进技术应用、合理肥料和农药施用、农业基础设施能力建设等，可以提高小麦对气候变化的适应能力，降低脆弱性。

在应对未来气候变化方面，调整农作物的种植模式，改进品种布局，提高复种指数，选育高光效、抗逆性强的农作物品种，不但可以抵消气候变化引起的不利影响，还可以充分利用未来农作物的高 CO_2 肥效作用而实现增产。例如，随着气候变暖，热量资源的增加，晚熟型的玉米品种逐渐替代早熟品种，半冬性或弱冬性小麦品种逐渐取代强冬性品种，这些都是应对气候变暖的适应性行为，有助于农作物总产的稳定和提高。

同时，开展农业气候灾害预测，建立农业灾害监测与预警系统，特别是建立干旱、洪涝、低温灾害、重大植物病虫害等防控减灾体系，并建立农业灾害保险机制，研发生物农药有效靶标技术、物理与生态调控技术以及高效低毒化学防治技术等，是应对未来气候灾害的主要途径，可以有效规避农业气候灾害风险。加强农业基础设施建设可以提高农作物抗旱、抗涝等能力，有利于增强应对气候变化的适应能力和防御灾害能力，如推广膜下滴灌等节水灌溉技术、地膜和秸秆覆盖技术，可以提高地温、减少土壤水分蒸发及增加土壤有机质。在干旱缺水山区兴建一批蓄水塘库，普及集雨设施与补灌技术，开展坡改梯和沟坝地农田基本建设等，提高农业领域应对气候变化的物质基础与适应能力。

4.2.1　干旱

1. 小麦对干旱的自适应性

干旱胁迫会引起植物体内一系列形态和生理代谢的改变。小麦植株响应干旱胁迫机制包括抗旱、避旱和耐旱 3 种。抗旱是指在干旱环境下通过发育强大的根系，大量吸收深层土壤水分来满足蒸腾需要。避旱和耐旱则都以减少蒸腾为基本途径。避旱性主要表现在植物形态结构上，如气孔内陷、叶片表皮外壁形成发达的角质层以降低蒸腾速率。耐旱性是一个复杂的性状表现，存在多种途径，如干旱胁迫下植株叶片气孔关闭或开放程度减小，各种渗透物质积累，清除活性氧自由基的保护酶活性增强等。随着分子生物学的迅速发展和应用，小麦抗旱的分子机制研究明确了小麦对干旱胁迫的应答机理。目前在小麦中已分离出许多与抗旱相关的基因，并对其编码蛋白的功能及表达等进行了研究。

（1）小麦对干旱适应的分子机制

干旱能诱导许多植物基因的特异表达，以响应干旱胁迫。根据诱导基因的表达产物所涉及的不同代谢功能，将其分为调节蛋白和功能蛋白两大类。调节蛋白主要包括转录因子、蛋白激酶和蛋白磷酸酶等。转录因子是指一类与某个目标基因相距较远的，由特定基因编码的分子质量较低的蛋白质因子。自 1987 年 Paz-Ares 首次成功克隆玉米转录因子基因以来，现已相继从高等植物中分离出的调控干旱等胁迫反应及生长发育的相关基因表达的转录因子达数百种（刘强等，2000）。功能蛋白主要包括水通道蛋白、脂转移蛋白、蛋白酶抑制因子、光合结构保护酶、LEA 蛋白、渗透调节物质和可溶性糖、抗氧化胁迫酶以及参与损伤修复的蛋白质等。水通道蛋白是个复杂的蛋白家族，位于细胞膜上，参与调控干旱胁迫下水分的跨膜转运（Maurel and Chrispeels，2001）。脂转移蛋白被认为是一类在植物表皮细胞特异表达的干旱诱导蛋白。蛋白酶抑制因子参与了环境胁迫下程序性细胞死亡，能通过抑制蛋白酶的活性，来保护水分胁迫下许多蛋白质的结构免受损伤（康宗利等，2006）。光合结构保护酶是一类能够保护或快速修复光合元件的酶类，如硫氧还蛋白。LEA 蛋白是目前研究较多的一类逆境胁迫应答基因产物，其具有高度的亲水性。在干旱、高盐等逆境胁迫下以及外源 ABA 诱导时 LEA 蛋白会大量积累，参与细胞质组分的保护；LEA 蛋白能作为脱水保护剂，保护某细胞生物膜结构的稳定，同时作为一种渗透调节蛋白，参与维持细胞水分平衡；另外还能与核酸结合调节细胞内其他基因的表达（徐云刚和詹亚光，2009）。

干旱胁迫会引发活性氧（ROS）的大量积累，产生氧化损伤，导致膜质过氧化和蛋白质、核酸等分子结构的破坏（Smirnoff，1993）。植物体内的抗氧化胁迫酶以及一些参与损伤修复的蛋白组成抗氧化防御系统，能有效地清除过多的活性氧，一方面，抵御胁迫诱导氧化伤害；另一方面，修复胁迫损伤蛋白的酶，帮助其功能的恢复与稳定，维持正常生理活性（Mudgett and Clarke，1994）。

张跃强等（2012）分析基因表达谱发现，干旱胁迫诱导的差异表达基因均为上调表达。干旱胁迫诱导出与反转录转座子蛋白有较高同源性的 TDFs，说明反转录转座子可能与小麦的抗旱有关。差异片段 XCS12-3 与氨基酸或糖 ABC 转运蛋白有一定的同源性，在干旱诱导下上调表达，说明干旱胁迫促进了可溶性糖等渗透调节物质的转运和分配，从而提高叶组织的渗透调节能力，改善叶片的水分状况，提高叶片的光合功能，增强小麦幼苗对干旱的适应能力。

D1 蛋白存在于植物叶绿体的类囊体中，是 PSⅡ复合体的重要结构和功能成分。*psbA* 基因是小麦 D1 蛋白的编码基因，在新 D1 蛋白合成和受损 D1 蛋白替换过程中起着极其重要的作用。干旱胁迫明显降低小麦叶片中相对水分和叶绿素含量，增加丙二醛含量，抑制 *psbA* 基因的转录，降低小麦的产量。脱落酸（abscisic acid，ABA）作为一种重要的植物激素，与作物的抗干旱胁迫密切相关。外源 ABA 可以缓解干旱胁迫反应，调控灌浆期小麦 *psbA* 基因的表达，稳定 PSⅡ系统中一些重要基因的转录水平，从而提高灌浆期小麦抗御干旱胁迫的能力（汪月霞等，2011）。

白志英等（2011）研究发现，正常水分条件下，Synthetic 6x 的 5B 染色体上可能存在高 Fo 和 Fm 基因；干旱胁迫条件下，Synthetic 6x 的 3A 染色体上可能存在调控 Fo 增高的有利基因，4D 染色体上可能存在调控诱导 Fm 增高的有利基因，3A 和 7A 染色体上可能存在调控 Fv/Fm 和 Fv/Fo 增高的有利基因，同时 PSⅡ的光化学活性受到抑制，不同代换系与亲本的 Fo 增加，而 Fm、Fv、Fv/Fm、Fv/Fo 降低。

Broin 和 Rey（2003）发现一个分子质量为 32 kDa 的干旱诱导蛋白 CDSP32，包含两个与硫氧还蛋白（thioredoxin，Trx）活性中心类似的肽序列，被划分为 Trx 超家族成员；CDSP32 的 mRNA 和蛋白质含量都会因氧胁迫的诱导而增加，认为该蛋白质可以通过保护叶绿体的结构来缓解干旱引起的氧化胁迫伤害，表明其参与了抗旱应答。进一步的研究表明，植物体内的许多硫氧还蛋白及其家族的成员，不仅其自身具有抵抗干旱等逆境胁迫的能力，同时也参与了干旱等逆境下特异基因的表达调控，在植物的逆境胁迫应答系统中发挥着重要作用。因此，进一步挖掘其家族中参与干旱胁迫调控的相关基因，对揭示植物的水分胁迫适应机制具有较高的理论和实践意义。

目前，对一些已知的胁迫诱导基因的表达调控已作了初步的研究，取得了一定进展，但因涉及复杂的细胞组分和理化因子的参与，小麦干旱胁迫反应的分子机制尚未被完全阐明。对于调控干旱下，细胞对胁迫原初信号的识别、第二信使在信号传递中的作用等诸多细节过程有待于进一步的深入研究。

（2）小麦在细胞水平的自适应性

植株体内通过积累渗透物质，调节细胞内环境的渗透压，是应对干旱胁迫的一种重要机制（Morgan and Read，2002）。干旱胁迫下的小麦为维持稳态，细胞内很多代谢产物都发生了改变，致使细胞内产生干旱信号，借助转化来控制相关基因表达和代谢途径的变化使细胞保持完整性，防止细胞失水，达到适应干旱环境的要求。干旱胁迫通过抑制叶片伸缩、减弱叶绿体光化学反应以及生理生化活性等途径，使光合作用难以进行。

C_3 和 C_4 植物体中，叶黄素循环中非辐射能量的消耗，使细胞拥有防御光破坏的能力，小麦也具有相似调节机制。干旱胁迫可以诱导小麦产生特异性蛋白，特异性蛋白的产生与小麦的生理代谢过程密切相关，这些特异性蛋白的产生可以有效缓解干旱造成的危害。干旱胁迫下，小麦体内发生的一系列适应性反应，其中胁迫信号是通过体内激素的形式传导的，使细胞内产生抵御干旱的调节反应。同时，在小麦细胞内存在酶促和非酶促两种形式的活性氧清除系统，通过提高保护酶活性及抗氧化剂含量来消除活性氧毒害是提高小麦抗旱耐旱性的重要途径。

（3）小麦对干旱适应的形态学机制

干旱胁迫对小麦的根系、茎和叶片等外部形态结构会产生不同程度的影响，其中以小麦的根系和叶片为主。

叶片作为小麦主要的同化和蒸腾器官，其形态结构的变化与小麦的耐旱性关系密切。小麦叶片的生长发育对水分亏缺最为敏感，轻微的胁迫就会影响其生长。大量的实验表明，水分亏缺能够改变细胞壁的伸展性能，作物在水分亏缺条件下生长发育受到抑制使得细胞壁的伸展性能降低。同时在水分胁迫条件下，由于作物的叶片生长速率降低、部分老叶脱落等减少了叶面积，因此有效地减少蒸腾失水，有利于作物在干旱条件下生存。一般认为，小麦叶片窄长，叶色淡绿，厚度较薄，叶脉较密，叶姿平伸或下披，有蜡质，干旱情况下叶片萎蔫较轻的品种比较抗旱。也有一些研究者认为既抗旱又高产的小麦应该是叶片较大、叶色深绿，叶姿具有动态变化功能的叶片（苗期匍匐，拔节期直立，抽穗后逐渐由直立转为下垂贴茎）可能是理想的抗旱类型。前一品种类型适于旱地小麦，后一品种类型可能适于灌溉麦田的节水栽培。根系是植物对营养物质吸收、转化和储藏的器官，因此根系的生长发育状况直接影响着地上部茎、叶的生长。在干旱胁迫条件下根系生长速率显著降低，根长、根数和重量明显减少，因此根系有效吸水面积减少。但在受到干旱胁迫时，根系向土壤深处延伸，且相对生长量要大于地上部分的茎叶。根系是冬小麦感受土壤干旱的原初部位，其数量、大小和生理状况等直接影响作物抗旱性的强弱。干旱同时也影响了作物的叶片和根系的形态和分布，以及生物量在地上部分和地下部分的分配。小麦根的数量较少，根总干重中等，但根系较长的品种抗旱性较强。一定条件下抗旱性与株高呈正相关，但超过一定的限度，这种关系就会丧失。一般认为理想的抗旱小麦品种应该是：干旱胁迫时株高不显著降低，在水分充足时株高也不至过高。株高胁迫指数（=干旱下幼苗的株高/对照幼苗的株高×100%）越高，抗旱性越强。干旱胁迫导致小麦茎基直径、株高、穗长、叶面积减小，生长周期缩短，小麦结实率降低。

在干旱胁迫条件下，冬小麦不同品种间的抗旱节水性不同，其差异会通过生理生化变化，进而从形态特征的变化中表现出来。从株高与抗旱性关系来说，抗旱性与品种株高的关系说法不一。Fisher（1981）通过对普通小麦、硬粒小麦、大麦和小黑麦的研究认为，干旱敏感性与干旱条件下任何性状无关，而与株高部分相关。抗旱性与株高、穗茎长、穗叶距呈显著正相关（苗果园，1981）。Richards（2006）指出，传统的高秆品种具有一定的抗旱机制，对后期的水分胁迫不是很敏感，若生长后期发生水分胁迫，高秆小麦的产量对其有良好的缓冲效应。张福锁和朱耀瑄（1992）则认为在正常供水和干旱胁迫条件下矮秆小麦品种均有较好的生产潜力，矮秆、丰产和抗旱在一定条件下是可以统一的。胡荣海（1989）认为株高与抗旱性在一定范围内呈正相关。Fisher（1981）提到，矮秆小麦品种籽粒千粒重 94%来自开花到成熟这段时期，而高秆小麦为 88%来自开花到成熟期，说明花后水分胁迫对矮秆品种同化物积累的限制作用要大于对高秆品种的限制作用。王娟玲等（1996）研究表明，株高与抗旱性、单株产量、生物学产量关系密切，且株高与单株产量、生物学产量均呈显著正相关，与0～30 cm、0～50 cm 土层中的根系重量也呈明显正相关。乔蕊清等（1998）近年来研究了不同品种在不同水分条件下的表现，结果表明小麦耐旱性强的品种其有效分蘖数多、穗多、花多，这也是旱地小麦品种的主要特点。

（4）小麦对干旱适应的群体效应

小麦植株在生长初期，种群在达到郁闭状态之前，呈现以"水平生长"为主的营养生长格局；在冠层达到郁闭之后，又转向以"垂直生长"为主的繁殖生长策略。水分不足时小麦群体内个体之间的资源竞争主要表现为地下根系的竞争。小麦对土壤底墒过早过快消耗也是群体内个体之间竞争选择的必然结果，因为挥霍型个体在与节约型个体竞争时能够获得更多的水分而处于有利位置，或者说受到了正选择。这时根系生长冗余不仅体现在数量上而且也体现在"质量"上。如果作物群体是由挥霍型的、具有根系"质量"冗余的个体组成,那么减小种子根中央大导管直径、增加根系水分运输阻力可以使苗期和初期营养生长阶段节约一部分水用于开花、灌浆等关键时期,使有限的土壤底墒在小麦整个生育期内合理分配、高效利用,从而提高产量。干旱胁迫时小麦种子根长度变短,即苗期根系生长量和生长速度下降;同时种子根木质部中央大导管直径减小,减缓苗期根系对土壤储存水分的过度利用以保留一定量土壤水分供后期生长使用。干旱条件下小麦植株株高、分蘖数、叶面积等减少,从而适应特定的环境,提高生育力。

2. 小麦生产系统对干旱的人为适应性

(1)选用抗旱基因型品种

黄淮海平原地区小麦生育期间气候特点是秋季气温适宜,光照充足;冬季雨雪稀少,温度变幅较大;春季多旱,气温回升快但不稳定;夏初温度偏高,干热风频繁。根据气候特点和本地生产条件,高产品种应能充分利用自然资源中的有利因素,而对不利因素应有较强的抗性或耐性,应具备丰产潜力大、抗逆性强、抗倒耐肥、灌浆速度快等特点。气候变暖对黄淮海平原地区冬小麦农艺性状变化趋势有较强的影响,选育株高和有效穗数适中、穗粒数较多、千粒重较大的中高产抗旱品种是黄淮海平原地区小麦适应未来气候变化的育种改良方向。黄淮海平原小麦抗旱推荐品种如表 4-3 所示。

表 4-3　黄淮海平原地区小麦抗旱推荐品种

生态类型区	旱地	节水栽培
海河平原北区	衡杂 102、众信 5199、捷麦 19、中麦 175	中麦 175、连 9791、烟农 19、河农 6049 等
海河平原南区	石麦 22、衡 4444、沧麦 12、沧麦 6005 等	济麦 20、济麦 22、婴泊 700、藁优 2018、冀麦 585、冀麦 325、石麦 18、农大 399、良星 99
黄淮平原区	洛旱 6 号、洛旱 7 号、洛旱 19、中麦 175、豫 49-198、烟农 19	百农 207、矮抗 58、西农 979、郑麦 366、周麦 18、周麦 22、周麦 27、周麦 28、周麦 32、郑麦 3596、洛麦 26、濮麦 9 号、济麦 17、济麦 20 等。平安 8 号
沿淮平原区		豫麦 70、偃展 4110、西农 979、扬麦 15、扬麦 22、济麦 22、烟农 19、良星 66、连麦 2 号、淮麦 33、淮麦 22、烟农 5158、泛麦 5 号、周麦 27 等

(2)适期适量播种,构建合理群体结构

适期适量播种的目的是通过构建合理群体来提高小麦的抗旱能力。过早过量播种形成过大群体的旺苗虽然生物量大,但过多消耗土壤水分,越冬期间叶片严重冻伤,返青迟缓,故农谚有"麦无二旺"之说。晚播与播量过少形成弱苗或小群体,由于根系弱小或总生物量少,对干旱的抵抗能力也弱。适期适量播种的原则也不限于旱地小麦,同样适用于水浇地的节水栽培。适当采取一系列栽培调控措施,形成小麦适应后期干旱的人为适应性,可以大幅度提高小麦的抗旱能力。通过适期、适量播种,建立苗、株、穗、粒合理的节水省肥型的群体结构,是黄淮海平原地区小麦增产的中心环节。

(3)适宜的耕作方式

秋收后采取深耕与表层耙糖整地或旋耕后镇压相结合。仅有深耕晒垡,土壤表层将十分粗糙，无法保证顺利出苗。下层土壤过湿或过干不便深耕，或农时紧迫来不及深耕时，不得不采取旋耕后播种，耕后若地湿轻耱即可，若地干则必须立即镇压，旋耕后不镇压的小麦根系发育不良，越冬黄苗死苗严重。海河平原夏玉米收获到冬小麦播种适期的间隔很短，往往来不及深耕（提倡隔几年深耕一次），多数麦田采取旋耕播种，但播后必须镇压。旋耕方式的耕作层土壤疏松、土壤间隙较大，与以往的传统铧式犁整地相比，不能达到上实下虚的播种环境，旋耕还不利于土壤水分的保持，影响小麦种子的萌发、出苗和根系的下扎，若遇大风天气土壤水分散失快，导致麦苗缺水，生长缓慢，发育不良，苗弱苗小，其抗逆能力下降，不利于小麦的安全越冬。在小麦生产中，可以通过深浅轮耕，以土蓄水。适当深耕，有利于降低土壤容重，改良土壤物理性状，改善土壤蓄水保墒特性，提高小麦出苗率及抗旱能力。

（4）合理灌水施肥

深耕因地因时制宜，可以打破犁底层，增加透水性，加大蓄水量，并能促进根系下扎和扩大根系吸收范围，提高水肥利用率，是旱麦增产的重要措施。同时增施肥料，以肥调水。旱地麦田要尽量多施有机肥，配方施足无机肥，尤其要施足磷肥，以改良土壤、培肥地力、提高蓄水保肥能力和水分的利用率。

（5）化学调控

适时适量喷施植物生长调节剂，促进根系下扎，可以提高小麦抗旱能力。一定浓度的氯化胆碱可以缓解干旱对小麦叶片中叶绿素的损害，喷施氯化胆碱溶液后，小麦细胞内过氧化物酶（POD）、超氧化物歧化酶（SOD）的活性有所提高，可以有效减小自由基对细胞的毒害作用，细胞表面膜脂的过氧化明显减弱，并且能降低叶绿素（尤其是叶绿素 a）的降解，叶片中光合作用的光反应能够顺利进行（徐建明等，2010）。黄腐酸在提高小麦抗旱能力上是一个理想的药物，喷施黄腐酸后，千粒重增大，小麦的穗粒、大粒增多，不孕穗、小穗减少。其作用可使作物适应范围宽，有利于抵抗不良环境的影响，能有效地提高小麦抗干旱、抵抗疾病及抗干热风的能力。肌醇以及维生素 B6 也能显著提高小麦的抗旱性，喷施后，小麦的各项生理指标与对照组相比有明显优势。

（6）改善局部生境

调整农业种植结构和布局，加强区域农业建设，做大做强优势产业，充分发挥传统种植优势，形成能够适应市场经济发展的农业中心。在气候变化的影响下，充分考虑和加强当地农业作物的适应性和脆弱性分析，通过政府引导，正确调整种植结构和帮助种植者选择作物品种。同时，要不断增强传统产区的作物适应性。气候变暖使麦田冬旱有加重趋势，营建农田防护林，麦田道路、渠系、排水沟的科学规划合理布局等，改善农田建设、土壤耕作，优化农业系统，从而改善局部农业生态环境，可以提高小麦抗旱性。

4.2.2 低温冻害

1. 小麦对低温的自适应性

（1）小麦对低温适应的遗传分子机制

植物之所以可以抵御严寒，是因为在体内特异基因的转录激活及在抗寒过程中新蛋白质的低温诱导合成。抗寒基因是一种诱发基因，只有在特定条件（主要是低温和短日照）的作用下，才启动抗寒基因的表达，进而发展为抗寒力。在抗寒基因表达前，植物抗寒能力仅仅是一种潜能，一种基础。目前，从小麦上发现的抗寒基因有多个，如 *CBF* 基因、*tacr7* 基因。从小麦中也分离到了编码叶绿体 Cu/Snoods 和线粒体 Masons 的 cDNA。*Cu/Snoods* 基因和 *Mn-SOD* 基因分别定位在第 2 和第 7 条同源染色体的长臂上。SOD 基因的表达在小麦抗寒性反应中发挥着重要作用。在低温条件下，冬小麦中 Mn-SOD mRNA 保持较高水平不变，而春小麦中 Mn-SOD mRNA 水平降低，这一结果表明冬小麦可能比春小麦有更为高效的抗寒调节机制。可溶性蛋白的含量与植物的抗寒性之间存在密切的关系。Terzioglu 和 Ekmekci（2004）研究了经不同低温处理后，小麦可溶性蛋白含量的变化，结果表明，在小麦的根中产生了新的蛋白质。

（2）小麦对低温适应的生理生化基础

低温引起细胞器膜结构的破坏是导致植物冻害损伤和死亡的根本原因，冻害首先是损伤细胞的膜结构，可能最初是改变膜上的功能性蛋白质，然后再引起生理生化过程的破坏。植物在逆境下的生长和发育都是受限的，植物对外界刺激的反应就是合成和积累大量的蛋白质以及与应激耐受性相关的小分子物质。低温在植物细胞中产生不同的生理生化变化，如诱导新蛋白、可溶性糖积累、膜流动性改变、组织含水量下降、抗氧化物质及多种代谢酶增加等。耐寒植物在抗寒锻炼过程中细胞内形成许多能使原生质冰点下降的保护性物质，包括可溶性蛋白质、氨基酸、不饱和脂肪酸、甘油和一些无机盐等。可溶性糖虽然是维持新陈代谢和返青生长主要的物质与能源基础，但对于降低冰点的作用甚微，即使是饱和蔗糖溶液，冰点也最多只能降低到–5℃，经过良好抗寒锻炼，其他保护性物质可使越冬期间细胞原生质冰点降低到零下十几度甚至–20℃。冬小麦在经受低温后，体内也产生一系列的变化来适应严寒，主要表现在以下几个方面。

1）可溶性糖含量升高。可溶性糖是植物体在低温期间积累的重要有机化合物，尤其对于两年生和多年生植物而言，秋季积累储藏碳水化合物是其越冬、再生的能量和物质来源。碳水化合物在小麦冷驯化过程中增加，作为抗冻剂，缓和细胞外结冰后引起的细胞失水，可以增强膜的稳定性。

2）脯氨酸含量增加。细胞内游离氨基酸含量与抗寒存在着相关性，其中研究较多的是脯氨酸。脯氨酸在植物体内作为渗透物质，起着渗透调节的作用。脯氨酸含有亚氨基，它的疏水吡咯烷环能与蛋白质的疏水区结合，而亲水基团分布于表面，增加了蛋白质的亲水表面，提高了蛋白质的溶解度，从而能提高可溶性蛋白质的含量，维持低温状态时酶的构象。在低温胁迫时，脯氨酸的表达量提高，并在许多植物器官内积累。陈璇等（2007）研究比较了新疆春小麦喀什白皮和冬小麦新冬 22 号两个品种在低温胁迫下脯氨酸积累的情况。结果表明，新疆两个小麦品种的脯氨酸积累对低温胁迫的响应存在显著差异。4℃低温胁迫 4 h 后，新冬 22 号叶片的脯氨酸积累显著增加，而喀什白皮叶片的脯氨酸含量在 4℃低温胁迫 48 h 才开始积累。

3）保护性酶含量升高，丙二醛含量降低。植物体在低温条件下细胞内自由基产生和消除的平衡会遭到破坏，积累的自由基将对细胞膜系统造成伤害。而自由基的产生和消除由细胞中的保护系统所控制，保护系统包括超氧化物歧化酶（SOD）、过氧化氢酶

（CAT）、过氧化物酶（POD）及类胡萝卜素、抗坏血酸、谷胱苷肽等还原性物质。丙二醛（MDA）为膜脂过氧化产物，其含量与植物所受逆境胁迫程度有关，由于低温胁迫细胞内的活性氧代谢平衡被破坏，从而有利于活性氧或超氧化物自由基的产生，进而发生氧化作用，这种氧化会对细胞膜造成很大的损伤。细胞膜的渗透会引起外界钙大量进入细胞质基质中，钙离子与钙调蛋白结合激活了磷脂酶，结果使不饱和脂肪酸解脱下来，不饱和脂肪酸在脂氧合酶的作用下形成羟基过氧化物，它能自发分解出 MDA。王玉玲和康洁（2004）及陈龙和吴诗光（2001）都研究了低温胁迫下半冬性和弱春性小麦叶片中 SOD 活性、MDA 含量的变化，结果表明，半冬性小麦 SOD 活性升高和 MDA 含量下降的幅度均大于弱春性品种。

4）内源激素脱落酸含量升高，赤霉素含量降低。植物内源激素与小麦生长发育的各阶段紧密相关。对 4 个不同基因型小麦品种（冬性品种京冬 8 和京核 3、半冬性品种鲁麦 20 及春性品种以引）在越冬过程中植株内源激素变化的测定结果表明，冬性和春性基因型小麦表现出明显差异。脱落酸水平在抗寒性较强的冬性品种中显著高于抗寒性弱的品种，赤霉素则在抗寒能力弱的春性品种中含量较高。Lalk 和 Dörffling（1985）的研究也表明，在冬小麦冷驯化过程中内源 ABA 含量增加。ABA 瞬间提高诱导 *COR/LEAs* 等应激基因的表达，提高抗冻性。

（3）小麦对低温适应的形态学机制

低温胁迫直接影响小麦植株叶片、茎和穗部。低温使叶片长度减小，叶面积减少，从而使叶片的光合机能大大削弱。拔节期至孕穗期受冻后小麦茎叶和幼穗均会产生伤害，轻时表现为延迟抽穗或抽出空颖白穗，或麦穗部分小穗空瘪，仅有部分结实，抽出的心叶扭曲状，严重时整个麦田有 50%幼穗冻死，不能抽出穗，造成大幅度减产。低温胁迫对小麦分蘖发生、植株株高、节间长度等有间接影响。低温影响分蘖发生，引起单株有效穗数的下降，最终导致产量下降。低温阻滞茎节间的伸长，节间变短、苗高降低。史占良和郭进考（1997）研究表明，冻害对小麦茎部第二节间的伸长影响最大，与未受冻植株比较，苗高降低 4.2 cm，成熟期株高降低 4 cm。低温导致植株穗长缩短，其程度随冻害的加重而加重。靖华等（2011）在不同播种期小麦冻害研究中认为，单株叶片冻害率随着播期的推迟而提高，变幅为 3.0%～55.4%，节间冻害呈现随着播期的推迟而趋重，表现为第 1 节间轻于第 2 节间。

（4）小麦对低温适应的群体和区域效应

小麦幼穗发育至四分体形成期（孕穗期）前后，要求日平均气温 10～15℃，此时对低温和水分缺乏极为敏感，尤其对低温特别敏感，若最低气温低于 6℃就会受害，一般 4℃以下的温度就可能对其造成伤害，造成小穗枯死等。孕穗期小麦霜冻或低温冷害的特点是，茎叶部分无异常表现，受害部位多为穗，因此时小麦穗部最低温度可降到 0℃甚至 0℃以下，发生霜冻。即使穗部最低温度只降到 0～0.5℃，也能够导致花粉败育，主要形成"哑巴穗"，幼穗干死在旗叶叶鞘内；出现白穗，抽出的穗只有穗轴，小穗全部发白枯死；出现半截穗，抽出的穗仅有部分结实，不孕小花数大量增加，减产严重。小麦不同品种受冻害的程度不同，这表明受冻害不仅与品种本身的抗寒力有关，而且与低温来临时小麦所处的发育时期有密切关系。小麦幼穗护颖分化期之前，一般不易发生冻害，进入护颖分化期之后，随着植株的生长发育，抗寒力减弱，遇到低温容易受害导致产量降低。小麦以花粉粒发育和形成对低温最敏感，开花受精之后，植株对低温的抵抗力反而略有增强。又因已接近初夏，黄淮海冬麦区几乎不可能再出现霜冻，冬小麦灌浆期发生霜冻在中国仅在青藏高海拔地区的少数年份出现。

2. 小麦生产系统对低温胁迫的人为适应性

品种布局（河南地区半冬性品种比例升高至 90%，弱春性比例下降）改变，以适应气温的变化。主要是增强了冬季的抗冻性和小麦的丰产性，但暴露出春季冻害（晚霜冻害）发生加重。

（1）对越冬期冻害采取抗寒锻炼，晚霜冻害的人为适应锻炼

越冬抗寒性与冬前抗寒锻炼密切相关，分为冬前停止生长前和初冬停止生长后两个阶段。气温平稳缓慢下降，光照充足，表土略干，充足的磷钾肥，氮肥不过量，有利于抗寒锻炼。氮肥过多，冬前气温过高植株旺长，入冬气温突然急剧下降，或入冬前持续阴雨光照不足，均不利于抗寒锻炼。对春霜冻的抗寒性主要取决于发育进程和品种特性，从生长锥伸长到花粉粒形成，抗寒性随发育进程不断降低。因灾穗数减少后加强管理，粒数和粒重通常能增加。

（2）适期播种，培养适龄壮苗

小麦的冻害程度除了与品种、降温强度和低温持续时间长短有关，也与播期、播量、土壤、耕作质量及水肥管理等方面有很大关系。前人研究提出的冻害防御措施主要有：培育和选用抗寒品种，结合当地生态条件，历年冻害发生的类型、频率和程度及茬口早晚情况，调整品种布局，合理确定冬性、半冬性、春性品种种植区域。对冬季冻害易发麦区宜选用抗寒性强的半冬性、冬性品种，对易发生春霜冻害麦区，生产上应选用和搭配种植耐晚播、拔节较晚而抽穗不晚的弱春性品种。根据前茬和当地生态、生产条件，在合理选用品种的基础上，确定适当播期和播量。采取精量与半精量播种，提高播种质量，培育壮苗是麦苗安全越冬的基础。

黄淮北部地区的小麦，一般是 2 月底、3 月初开始返青。小麦从返青到起身这个生长阶段，是决定小麦小穗数目和争取分蘖成穗的一个十分重要的关键时期。因此，这个时期采取正确的麦田管理措施，促使弱苗转壮、升级，使壮苗稳定地生长、发育，控制和促使旺苗逐步转变为壮苗，合理地调整群体，以提高分蘖成穗率，争取穗足、穗大，从而保证小麦的稳产高产。

（3）合理水肥管理

适时冬灌防干冻，及时中耕，适度中耕增强土层通气性，提高地温。镇压不仅可防止小麦旺长，也可促进根系深扎，并且能够破碎土块，弥封土壤裂缝，防止冷空气入侵土壤，提升下层水分，冬季镇压一般应在冷尾暖头的晴天午后进行，春季镇压在解冻后进行。增施磷钾肥，做好越冬覆盖。在小麦越冬时，将粉碎的作物秸秆撒入行间，或撒施暖性农家肥（如土杂肥、厩肥等），可保暖、保墒，保护分蘖节不受冻害，对防止杂草翌春旺长具有良好作用。

（4）化控措施

小麦化控产品使用的最佳时间是小麦返青至起身期，在小麦拔节中后期应慎重使用。喷施氯化钙、抗寒剂或矮壮素拌种、早春喷洒生长抑制剂等，能明显提高小麦的抗寒力。例如，在小麦拔节初期，亩用植物抗寒剂100 mg 兑水 30~40 kg 叶面喷施，可以有效避免倒春寒和晚霜冻的危害，增强光合速率，促进早熟，消除或减轻病害，使小麦增产 10%~15%。

4.2.3 高温、干热风与雨后青枯

1. 小麦对高温及干热风的自适应性

（1）小麦对高温适应的分子机制

当高温胁迫发生时，生物体内会产生一系列的应激反应，迅速合成相当数量的新生蛋白以维持细胞内部生理状态的平衡，这些蛋白质中最主要的就是热激蛋白。作为分子伴侣的热激蛋白可以帮助靶蛋白重新折叠、稳定、组装、胞内运输和降解，缓解或者解除高温胁迫造成的破坏，使植物在逆境中得以生存。在分子水平上，高温会诱导热激蛋白的迅速合成与积累，而热激蛋白的表达主要受热激转录因子的调控。在高温胁迫下，热激转录因子与热激蛋白启动子区热激元件（heat shock element，HSE）特异性结合，从而调控热激蛋白基因的开启与关闭，完成相应的生物学功能。小麦热激转录因子和热激蛋白之间存在着复杂的相互作用关系。对于植物而言，高温胁迫往往伴随有水分缺失、营养流失、光照胁迫、氧化胁迫等。另外，除了热激转录因子之外的其他类型的转录因子、胁迫诱导蛋白、新陈代谢产物、miRNA、激素（ETH、ABA、SA 和 JA）等都会参与到这些复杂的胁迫响应过程中。

（2）小麦对高温、干热风适应的生理生化基础

当植物在高温、干热风的危害下，外部形态表现出损伤前，其内部的生理生化过程往往早已受到明显的影响。灌浆期高温、干热风胁迫会影响小麦许多生理生化过程，研究较多的是光合作用、信号转导和衰老凋亡等。

光合作用可能是高温伤害的首要生理过程。高温对光合作用的主要效应是加速小麦的衰老过程，包括光合强度的下降及其组成成分的降低（AI-khatib and Paulsen，1984）。高温胁迫可以激活类囊体膜上的脂肪酶，降解富含不饱和脂肪酸的类囊体膜脂，形成自由的不饱和脂肪酸，从而钝化光合系统的活性中心，诱导其转化为无活性中心（Lu et al.，2000）。王晨阳等（2004）在小麦开花后进行 38℃的高温胁迫处理，发现高温胁迫使小麦旗叶及倒二叶净光合速率显著下降。研究发现，小麦的耐热突变体生长发育各阶段的最大净光合速率在高温胁迫下至少降低 23%，在抽穗期影响最小，开花期影响最大，而且开花期高温导致的最大净光合速率降低，在去除高温胁迫 3 天后，仍然无法恢复，而高温对耐热突变体最大净光合速率的影响在生理上表现为叶绿素含量的下降（Mullarkey and Jones，2000）。而对质膜过氧化的影响主要表现在使丙二醛含量增加，丙二醛是细胞膜脂过氧化的主要产物，含量多少代表膜脂过氧化水平高低，高温显著促进了小麦膜脂过氧化，加速细胞生物膜结构的破坏，高温胁迫还增加了细胞质膜相对透性，说明高温破坏了细

胞膜结构，加速了小麦植株后期衰老（郭天财等，1998；姜春明等，2007）。小麦高温胁迫下的信号转导则主要是脱落酸（ABA）、细胞分裂素（cytokinin）、乙烯（ethylene）等植物激素以及 Ca^{2+} 对高温胁迫的响应，由此产生对小麦生长发育的影响（Shakirova et al.，1996；Banowetz et al.，1999）。

干热风引起叶绿体结构破坏，加速了叶绿素的降解，相关酶类因高温钝化而受阻，抑制了小麦叶绿体核糖体的形成，从而影响了叶绿体蛋白质的生物合成，致使叶片中叶绿素含量出现大幅度的减少，其结果必然导致光合速率的降低。干热风造成叶片伤害的明显生理指标之一，是叶组织电解质的大量外渗。而且干热风越重，电解质外渗量越多，说明膜系统受到的损伤越严重。由于膜的损伤使细胞对内含物失去控制，从而引起细胞的死亡。在持续高温下，旗叶渗透调节能力较低，细胞膜损伤较为严重，后期 SOD 活性显著下降，而非叶器官 SOD 活性在后期降幅较小甚至有所增强（如鞘和穗下节），表现出相对稳定的抗活性氧能力。在胁迫后期，由于 SOD 活性下降，歧化产生的 H_2O_2 含量减少，CAT 活性也会下降。旗叶、旗叶鞘和颖片 POD 活性受高温诱导而明显增加。

（3）小麦对高温、干热风适应的形态学机制

小麦受干热风危害，各部位失水变干，茎秆青干发白，叶片卷缩凋萎，颜色由青变黄，逐渐变为灰白色，颖壳呈白色或灰绿色，麦芒紊乱不齐，因灌浆不足而籽粒干秕，千粒重下降。干热风使根系伤流量减少，干热风越强，根系伤流量越小。干热风使根系活力减弱，是因为在干热风条件下，植株蒸腾强度增加使体内水分亏缺，这种亏缺自然要传导到根部，从而降低根系的代谢，同时根周围土壤含水量降低，造成根周围缺水，这就增加了根吸水的难度。随着干热风持续，气孔开度明显变小，蒸腾加剧，根系吸水相对较慢，往往导致小麦灌浆不足，秕粒严重甚至枯萎死亡。

适应高温的形态通常与适应干旱有联系，如叶片偏小，叶倾角趋于垂直，表面有蜡质反射阳光等。典型的耐高温小麦品种根系活力强，叶片持绿成熟，叶功能期长，灌浆速度快，籽粒大且饱满，成熟落黄好。

（4）小麦对高温、干热风适应的群体效应

高温的重要影响是加速小麦叶片成熟及其衰老，并减少光合作用的持续时间，缩短小麦物候期持续时间。不同生育时期高温对小麦的影响主要为：出苗至分蘖期较高的温度主要减少小麦分蘖数，拔节至开花期的高温导致单株穗数、穗粒数、每穗小穗数和粒重等性状减少或降低，此外还使株高降低和总干物质下降以及开花期提早。小麦生育期间平均温度升高，特别是收获前高温可能使小麦趋向弱冬性并增加对耐热品种的需求。小麦冬前积温增多则分蘖数亦多，而越冬期温度升高能减少死苗率。但返青后高温对冬小麦产量不利，并导致春小麦产量下降。气温升高对小麦品质的影响很大，高温时小麦籽粒越小，粒壳比例则越大。春季小麦群体封垄后，植株相互遮蔽可在一定程度上降低幼穗部位的温度，生长整齐可减轻高温对弱株的胁迫。合理的群体结构土壤水分不致消耗过多等，都有减轻高温胁迫的效果。

（5）小麦对高温适应的区域效应

每年 5 月中下旬至 6 月上中旬，是黄淮海冬小麦干热风发生和危害的时期。该时期黄淮海地区处在高空槽后脊前的西北气流控制中，低空和地面处在两锋带之间的反气旋

区内，天气晴朗，气温高，空气干燥，这就构成了干热风天气环流背景。黄淮海地区干热风天气高空系统为西北气流型、高压脊型、高压后部型 3 种，干热风的地面系统有北低南高型、高压后部型 2 种类型（尤凤春等，2007）。河南省南阳地区干热风发生频率较高，造成半冬性品种不能正常成熟，千粒重严重下降；河南省中东平原麦区小麦生育后期常遭受干热风危害或雨后青枯危害，严重时植株迅速死亡。河南省北部高产麦区（新乡、安阳、濮阳、鹤壁、焦作、济源），小麦灌浆成熟期气温过高，使部分晚熟品种受干热风影响提前成熟而减产。太行山麓由于存在焚风效应，干热风发生更为频繁、强度更大、危害更重。

小麦生产受高温胁迫影响较严重的地区主要位于中高纬地区，并且受气候变暖的影响，高温敏感期高温胁迫的强度和范围均会进一步扩大。气候变暖导致高温胁迫强度增强，必然提高未来小麦减产的风险。

2. 小麦生产系统对高温、干热风的人为适应性

（1）合理布局品种躲避高温，健株栽培

防控高温与干热风对小麦生产的危害，将常规育种技术与现代生物技术有机结合，更快更好地培育有突破性的抗干热风的新品种是经济有效手段之一。生产中选择耐热性强、千粒重稳定的小麦品种，通过调整播种期，避开高温期开花及灌浆是有效的防御措施。在高温逼熟与干热风危害严重的地区，要争取适当早播和春季早发，争取在有害高温或干热风发生的高峰期到来前成熟。同时要根据不同品种，采取相应的播种期及栽培措施，真正实现良种良法配套，保证小麦的高产稳产。

（2）合理灌溉和氮肥运筹

根据小麦需肥规律，合理搭配氮磷钾肥料，防止氮肥过多造成小麦"贪青"易受干热风危害。采用秸秆还田，增施有机肥，培肥土壤，改善土壤保水性能可起到很好的抗干热风作用。在干热风发生前 1～2 天浇水，可改善小麦生态环境，减轻干热风的危害。小麦返青期灌水，可以使土壤保持充足的水分，促进麦苗和根系的生长发育，增强抗逆性。乳熟后期到蜡熟始期浇"麦黄水"可以改善麦田小气候。适期灌溉能起到以水养根、以根促叶、延长叶片功能期、加快灌浆进度的作用，并可降低近地气温，改善农田小气候，有效抵御干热风的危害。

（3）化学措施

高温对植物的伤害是破坏植物体的生理代谢活动，通过外施植物生长调节剂，能够使被破坏的生理代谢活动恢复正常。用氯化钙浸种（闷种）能使小麦植株细胞内钙离子增加，提高小麦抗旱和抗高温的能力；在小麦起身、拔节期喷洒草木水、磷酸二氢钾等，可以增强叶片细胞的吸水力，提高抗干热风的能力；在小麦扬花、灌浆期喷洒石油助长剂，能提高千粒重，有明显增产效果；在小麦灌浆期，用 0.1%乙酸或 1∶800 倍食醋溶液叶面喷洒，可以缩小叶片气孔的开张角度，抑制蒸腾作用，提高植株抗旱、抗热能力；同时乙酸还能够中和植株在高温条件下降解产生的游离氨，从而消除氨对小麦的危害。

4.2.4　病虫草害

1. 小麦对病虫害的自适应性

（1）小麦对病虫害适应的遗传分子机制

随着现代分子生物学技术在植物抗病研究中的广泛应用和生物信息学的快速发展，人们对植物的抗病分子机制又有了进一步认识。目前已从 13 种植物中至少分离克隆了 60 个抗病基因。

小麦锈病是世界性的重要病害，给小麦生产造成了严重的损失。自 Biffen（1905）证实小麦抗锈病遗传符合孟德尔遗传规律后，小麦抗锈育种得以蓬勃开展。当前，国际上已正式命名 30 多个抗条锈病基因、40 多个抗叶锈病基因和 40 多个抗秆锈病基因。抗锈病基因的利用，在小麦锈病育种中发挥异常重要的作用。

随着小麦白粉病发生面积和频率的增加，白粉病病菌的生理小种变异更加频繁，目前我国已发现 74 个生理小种。这些小种流行于不同的麦区和不同的年份，抗病品种的选育跟不上优势小种的变更，加之利用的抗源贫乏，大多数品种很难保持较好的抗性。白粉病抗性主要由主效基因控制，到目前为止，已知抗白粉病基因（Pm）共有 32 个基因位点（其中 Pm18=Pm1c），49 个主效基因被正式命名并定位于染色体或染色体臂上。另外，还有部分未定名的 Pm 基因，以暂用名表示，如 ML-Ad 等。其中有些是单基因控制的简单遗传，而有些具有复杂的等位基因，或与其他基因紧密连锁，或表现了基因的多效性。相关学者在对 4 个高抗纹枯病的小麦新品系的遗传研究中，发现所研究的材料均含有同一个抗小麦纹枯病的单显性抗病基因，但吴纪中等（2005）发现小麦抗纹枯病呈两对连锁主基因遗传，抗纹枯病基因间存在互作效应，不符合加性-显性模型。

赤霉病的抗性是受数量性状控制的，抗性遗传复杂，遗传力低，这些都影响小麦抗赤霉病育种工作的进展，更重要的是，目前尚没有非常理想的抗源材料。相关学者对 17 000 份小麦品种或品系进行了抗性鉴定，只找到 132 份抗性较好的材料。小麦的抗赤霉病种质可以划分为 3 类：一是来自东欧的冬小麦；二是来自中国和日本的春小麦；三是来自巴西和意大利的春小麦。为小麦抗赤霉病育种提供新抗源，具有重要的理论和实践意义。小麦全蚀病等病害，因不对小麦生产造成毁灭性的危害，未引起研究者的足够重视，抗病基因方面的研究起步更晚，但该病害也有上升为主要病害的潜在可能性。

（2）小麦对病虫害适应的生理生化与形态学机制

植物防御性酶在抵御昆虫危害中发挥着重要作用。PPO 和 POD 是氧化酶或氧化还原酶类，催化植物体内不同的酚酸前体形成醌，从而对昆虫产生毒害作用或降低植物组织的营养。在植物体内 PPO 能共价修饰昆虫消化蛋白并与之交联，降低昆虫中肠蛋白酶的水解能力（李新岗等，2008）。蚜虫取食可增加抗性小麦 PPO 活性（Leszczynski，1985；Boughton et al.，2006）。小麦抗蚜品种营养组织中 PPO 的活性比感性品种高，且当被蚜虫感染时，抗性和感性品种在抽穗期和拔节期 PPO 活性都有所增加。小麦品种对纹枯病的抗性与茎秆内还原糖含量、过氧化物酶、多酚氧化酶的活性以及叶片中酯酶同工酶的谱带数量等有密切关系。在灌浆期植株茎秆内还原糖的含量与纹枯病的抗性强弱（病情指数高低）呈极显著负相关，较高糖含量可以抑制病原菌的生长，植株感病后也会出现体内含糖量升高的生理反应；抗病品种体内过氧化物酶活性较高，受到病原菌侵染后，茎节多酚氧化酶的活性还会显著升高，这体现了寄主的一种主动保护反应。另外，抗病品种叶片中比感病品种多2个酯酶同工酶谱带，表明抗病品种具有较高的转酯和解毒能力；周凯南等（1982）研究认为，叶片狭窄而直立类型的小麦品种抗病性强，茎秆组织坚硬的品种抗病性强。

（3）小麦病虫草害形态特征

小麦病虫草害发生种类主要有以下几种，病害为小麦锈病、小麦白粉病、小麦赤霉病、小麦全蚀病、小麦纹枯病、小麦根腐病、小麦散黑穗病等；虫害包括：地下害虫金针虫、蛴螬，叶部害虫麦蜘蛛、麦叶蜂，穗部害虫有麦蚜、小麦吸浆虫等；麦田主要优势杂草为播娘蒿、荠菜，部分地块麦瓶草（米瓦罐）、麦家公、猪殃殃较多，禾本科杂草以雀麦、节节麦为主，个别地块有看麦娘发生。

1）小麦病害

小麦叶锈病主要侵害叶片，叶鞘偶有发生。叶片初生褪绿色小点，不久即形成椭圆形橘红色的夏孢子堆，夏孢子堆散生，通常只在叶表面发生，不穿透叶片，若穿透叶片，则两面的孢子堆大小一样。后期长出椭圆形、暗黑色的冬孢子堆，主要发生在叶背面，表皮不破裂。发生严重时孢子堆密集，但很少汇合，叶片早期枯死。

小麦白粉病是小麦生育后期的一种常发的主要病害。小麦发病后，叶片光合作用受到影响，从而导致成穗数、穗粒数减少，千粒重减低，特别严重时甚至造成小麦绝收。发病初期叶上出现白色霉点，逐渐扩大成圆形或椭圆形的病斑，上面长出白粉状的霉层，以后变灰白色至淡褐色。后期在霉层中散生黑色小粒（子囊壳）。最后病叶逐渐变黄褐色而枯死。

小麦赤霉病是一种危害重、难防治的病害，2003年麦田普遍发生。一般在小麦灌浆后期表现症状，小穗干枯变白，穗轴枯死形成半截白穗，湿度大时在穗部产生粉红色霉层，病部小麦籽粒干瘪发白，并含有对人畜有害的毒素，严重影响小麦品质和利用价值。粮食中病粒超过4%，就可使人畜中毒。该病害一旦发现症状就失去了防治的意义，因此要提前预防。小麦赤霉病主要危害穗部，有时侵染茎节，小麦抽穗扬花期受病菌侵染，先是个别小穗发病，小穗基部变为水浸状，后渐失绿色，然后沿主穗轴上下扩展至邻近小穗。病部褐色或枯黄，潮湿时可产生粉红色霉层（分生孢子），空气干燥时病部和病部以上枯死，形成白穗，不产生霉层，后期病部可产生黑色颗粒（子囊壳）。籽粒干瘪、发白，潮湿时产生白色或粉红色霉状物。小麦抽穗扬花期若遇连续3天以上降雨天气，即可造成病害流行。

小麦纹枯病主要危害植株下部的叶鞘和茎秆，小麦各个生育阶段都可发生。叶鞘上初为椭圆形水渍状病斑，后发展为中间灰白色、边缘浅褐色的云纹斑，病斑扩大连片形成花秆。茎秆上病斑梭形，纵裂，病斑扩大连片形成烂茎。由于花秆烂茎抽不出穗而形成枯孕穗或抽出后形成枯白穗，结实少，籽粒秕瘦。

小麦根腐（叶枯）病在小麦各生育期均可引起不同症状，严重地块可减产30%～70%。主要是生长后期发病，病株易拔起，但根系不腐烂，不变黑，可引起倒伏和形成早衰型

"白穗"。出土幼苗因地下部分受害苗弱叶黄,发育延迟。成株期继续发生根和茎基腐,植株易倒或提前枯死。叶片初期呈梭形小褐斑,多个病斑相连导致叶枯。叶鞘上形成褐色云纹状斑,严重时叶鞘连同叶片枯死。穗部颖壳上形成褐色不规则斑,穗轴及小枝变褐,潮湿时产生霉层。病种子上形成褐斑,胚变黑。

小麦散黑穗病主要危害穗部,病株在孕穗前不表现症状。病穗比健穗较早抽出,病株比健康植株稍矮,初期病株外包一层灰色薄膜,未出苞叶前内部已完全变成黑粉(厚垣孢子)。病穗抽出时膜即破裂,黑粉随风飞散,只残留穗轴,在穗轴节部还可看到残余的黑粉,感病株通常所有分蘖麦穗和整个穗部的小穗都发病,但有时个别分蘖或小穗不受害。

2)虫害

麦蚜虫(俗称油虫)从小麦苗期到乳熟期都可危害。以成虫和若虫刺吸小麦叶、茎、嫩穗内的养分,受害部位出现黄白色斑点,严重时叶片卷缩,不能抽穗,籽粒灌浆不饱满,影响小麦产量和品质。麦蚜还可传播小麦黄矮病毒病。麦蚜的天敌种类很多,有瓢虫类、草蛉类、食蚜蝇类、蚜茧蜂、食蚜蜘蛛和蚜霉菌等,其中以瓢虫的捕食蚜量最大,蚜茧蜂的寄生率最高。

小麦吸浆虫为一种毁灭性害虫,危害小麦造成严重减产,直至绝收。成虫体微小纤细、形似蚊子,橘红色,密被细毛,体长 2～2.5mm。触角基部两节橙黄色,腹部细长。幼虫长 2.5～3mm,长椭圆形,橘黄色,无足蛆状。

麦蜘蛛俗名火龙,有麦长腿蜘蛛和麦圆蜘蛛两种类型。麦蜘蛛以成螨和若螨危害,主要刺吸小麦叶片内养分,受害叶片先呈现白色斑点,以后变黄,严重时叶片枯死,延缓小麦生长发育,造成减产。

(4)小麦对病虫害适应的群体和区域效应

通过对 2000～2010 年 11 年我国小麦病害与虫害发生面积分析显示,我国小麦病害、虫害发生面积呈逐年波动增加的趋势(赵明月等,2015)。小麦病害和虫害年均发生面积分别为 2974.18 万 hm^2 和 3560.06 万 hm^2。总体来看,小麦病害发生面积表现出在年均值附近波动,但在 2002 年病害发生面积突然增大,这是由于 2002 年小麦条锈病是继 1950 年、1964 年和 1990 年后在全国范围内又一次大流行,继 2002 年之后,2003 年小麦赤霉病严重流行,从而也导致病害发生面积的突然增加。但病害与虫害相比,无论发生面积,还是发生程度,小麦的虫害均高于病害。而且无论防治面积,还是防治程度,小麦虫害也均高于病害。

总体来看,生长苗壮和整齐的小麦群体抗病虫能力强于弱苗和过旺苗群体。黄淮海冬麦区南部病害重于北部,北部虫害往往重于南部;锈病孢子通常在西北东部越夏,秋季传入;蚜虫和黏虫春末由南向北迁飞。

2. 小麦生产系统对病虫害的人为适应性

(1)品种利用

结合当地生产条件选用高产、优质、抗(耐)病害的优质小麦品种,是最经济、安全、有效的防治小麦病害的手段。有研究对黄淮麦区 165 个小麦品种资源进行抗条锈性鉴定，筛选出 13 个具有高温抗条锈性的小麦品种，并明确了其表达阶段，进一步通过大田鉴定肯定了这些品种的应用价值。表明黄淮麦区具有丰富的高温抗条锈性材料，加强对此类小麦资源利用，可为培育持久性抗条锈小麦品种提供种质资源。

（2）药剂拌种与防治

药剂拌种是防治小麦病虫害行之有效的重要措施，可以有效防治地下害虫、苗期蚜虫、麦蜘蛛以及纹枯病等依靠种子或土壤带菌传播的病害；另外，通过适当的药剂拌种，还可减轻苗期的白粉病、锈病等多种病害的危害。推广高效低毒化学农药与生物农药，掌握适宜时机适量喷洒抗菌剂和杀虫剂等。随着麦田中后期"一喷三防"技术的日趋成熟和普及推广，小麦病虫害虽常年发生，但能得到有效的防治。随着气候变化，还要警惕和监测新的外来有害生物入侵。

（3）适期播种、培育壮苗；健株栽培，提高抗性

根据当地实际情况适期播种，有利于培育壮苗，提高小麦抗病虫害能力。同时结合深耕土地，使秸秆深翻入土，不仅可减少表层病原菌量，还能疏松土壤，促进麦根下扎，可减轻土传病害和后期生理病害的发生。通过测土配方施肥协调土壤养分供应，培育健壮个体，增强小麦的抗逆能力。

（4）合理群体结构，增加通风透光

合理密植、精量播种、采用宽窄行种植有利于个体健壮发育，可有效地防止田间郁蔽、植株旺长和倒伏，减轻病害发生。此外，适当晚播可缩短冬前病菌对小麦的侵染期，减少纹枯病、全蚀病的发生，并且能减轻地下害虫的危害。

加强农田基本建设，提高麦田灌排能力。田间持续干旱及积水渍害不仅会造成小麦生理病害，还会明显降低麦株抗病力，容易引发纹枯病和根茎部病害的发生。治理低湿涝洼地，整修排水系统，消除渍害，降低地下水位及田间湿度，减轻条锈病、白粉病、纹枯病的发生和减少赤霉病的滋生环境。做到麦田遇旱能及时浇水，涝时能及时排水，使田间水分保持在小麦的适宜生长范围内。

参 考 文 献

白志英, 李存东, 赵金锋, 等. 2011. 干旱胁迫对小麦代换系叶绿素荧光参数的影响及染色体效应初步分析. 中国农业科学, 44(01): 47-57.

陈龙, 吴诗光. 2001. 低温胁迫下冬小麦苗期和拔节期某些生理生化特性的变化. 种子, 2: 19-21, 10-13.

陈希勇, 赵爱菊, 李亚军, 等. 2007. 高温胁迫对小麦籽粒品质的影响. 河北农业科学, 11(01): 1-4.

陈璇, 李金耀, 马纪, 等. 2007. 低温胁迫对春小麦和冬小麦叶片游离脯氨酸含量变化的影响. 新疆农业科学, 44(05): 553-556, 544.

戴廷波, 赵辉, 荆奇, 等. 2006. 灌浆期高温和水分逆境对冬小麦籽粒蛋白质和淀粉含量的影响. 生态学报, 26(11): 3670-3676.

杜莲英, 王秀芬, 尤飞. 2015. 黄淮海区气候变化及其对冬小麦光温生产潜力的影响. 中国农业资源与区划, 36(3): 112-119.

封超年, 郭文善, 施劲松, 等. 2000. 小麦花后高温对籽粒胚乳细胞发育及粒重的影响. 作物学报, 26(04): 399-405.

冯玉香, 何维勋, 孙忠富, 等. 1999. 我国冬小麦霜冻害的气候分析. 作物学报, (03): 335-340.

付雪丽, 王晨阳, 郭天财, 等. 2008. 水氮互作对小麦籽粒蛋白质、淀粉含量及其组分的影响. 应用生态学报, (02): 317-322.

郭天财, 王晨阳, 朱云集, 等. 1998. 后期高温对冬小麦根系及地上部衰老的影响. 作物学报, 24(6): 957-961.

胡荣海. 1989. 农作物资源的抗旱筛选技术及其应用. 农牧情报研究, 36-41.

胡新, 任德超, 倪永静, 等. 2014. 冬小麦籽粒产量及其构成要素随晚霜冻害变化规律研究. 中国农业气象, 35(05): 575-580.

皇甫自起, 常守乾, 李秀花, 等. 1996. 豫东地区小麦冻害调查分析. 河南农业科学, (04): 3-6.

姜春明, 尹燕枰, 刘霞, 等. 2007. 不同耐热性小麦品种旗叶膜脂过氧化和保护酶活性对花后高温胁迫的响应. 作物学报, 33(1): 143-148.

敬海霞, 王晨阳, 左学玲, 等. 2010. 花后高温胁迫对小麦籽粒产量和蛋白质含量的影响. 麦类作物学报, 30(03): 459-463.

靖华, 亢秀丽, 马爱平, 等. 2011. 晋南旱垣春季低温对不同播种期小麦冻害的影响. 中国农学通报, 27(09): 76-80.

康宗利, 杨玉红, 张立军. 2006. 植物响应干旱胁迫的分子机制. 玉米科学, 14(02): 96-100.

李淦, 胡铁柱, 李笑慧, 等. 2006. 河南省主推小麦品种抗寒能力研究. 河南农业科学, (10): 23-25.

李茂松, 王道龙, 钟秀丽, 等. 2005. 冬小麦霜冻害研究现状与展望. 自然灾害学报, 14(04): 72-78.

李晓林, 白志元, 杨子博, 等. 2013. 黄淮麦区部分主推冬小麦品种越冬及拔节期的抗寒生理研究. 西北农林科技大学学报(自然科学版), 41 (01): 40-48.

李新岗, 刘惠霞, 黄建. 2008. 虫害诱导植物防御的分子机理研究进展. 应用生态学报, 19(4): 893-900.

李永庚, 于振文, 张秀杰, 等. 2005. 小麦产量与品质对灌浆不同阶段高温胁迫的响应. 植物生态学报, 29(03): 361-366.

刘强, 张勇, 陈受宜. 2000. 干旱、高盐及低温诱导的植物蛋白激酶基因. 科学通报, 45(06): 561-566.

刘祖贵, 孙景生, 张寄阳, 等. 2008. 不同时期干旱对强筋小麦产量与品质特性的影响. 麦类作物学报, (05): 877-882.

卢红芳. 2013. 高温、干旱及其复合胁迫对小麦籽粒谷蛋白大聚合体、淀粉粒度分布和品质性状的影响. 河南农业大学博士学位论文.

鲁坦. 2013. 1971—2011 年河南省冬小麦晚霜冻的特征分析. 河南农业大学学报, 47(04): 393-399.

苗果园. 1981. 小麦抗旱形态指标的初步观察. 山西农业科学, 81(2): 2-5.

乔蕊清, 刘玲玲, 卫云宗, 等. 1998. 黄淮麦区旱生型冬小麦品种及其选育策略. 麦类作物学报, 1: 8-10.

史占良, 郭进考. 1997. 冷害对小麦生长发育及产量影响的研究. 河北农业科学, 1(01): 1-4.

苏坤慧, 延军平, 李建山. 2010. 河南省境内以淮河为界的南北气候变化差异分析. 中国农业气象, 31(03): 333-337.

孙芳, 杨修, 林而达, 等. 2005. 中国小麦对气候变化的敏感性和脆弱性研究. 中国农业科学, 38(04): 692-696.

汪月霞, 索标, 赵鹏飞, 等. 2011. 外源 ABA 对干旱胁迫下不同品种灌浆期小麦 psbA 基因表达的影响. 作物学报, 37(08): 1372-1377.

王晨阳, 郭天财, 阎耀礼, 等. 2004. 花后短期高温胁迫对小麦叶片光合性能的影响. 作物学报, 30(01): 88-91.

王晨阳, 冀天会, 郭天财, 等. 2008. 干旱胁迫对春小麦淀粉糊化特性的影响. 河南农业科学, (08): 32-37.

王晨阳, 张艳菲, 卢红芳, 等. 2015. 花后渍水、高温及其复合胁迫对小麦籽粒淀粉组成与糊化特性的影响. 中国农业科学, 48(04): 813-820.

王娟玲, 陈爱萍, 李红玲, 等. 1996. 冬小麦品种抗旱特征特性研究. 山西农业科学, 24(3): 10-13.

王新华, 延军平, 杨谨菲, 等. 2011. 1950—2008 年汉中市气候变暖及其经济适应. 地理科学进展, 30(05): 557-562.

王玉玲, 康洁. 2004. 低温胁迫对冬小麦苗期和拔节期生理生化特性的影响. 河南农业科学, 5: 3-6.

王育红, 姚宇卿, 吕军杰, 等. 2006. 水分调控对强筋小麦产量和品质影响. 干旱地区农业研究, 24(06): 25-28.

吴翠平, 贺明荣, 张宾, 等. 2007. 氮肥基追比与灌浆中期高温胁迫对小麦产量和品质的影响. 西北植物学报, 27(04): 4734-4739.

吴纪中, 颜伟, 蔡士宾, 等. 2005. 小麦纹枯病抗性的主基因+多基因遗传分析. 江苏农业学报, 21(1): 6-11.

徐建明, 汪鑫, 罗玉明, 等. 2010. 两种形态硼对小麦幼苗叶绿素荧光参数及保护酶活性的影响. 华北农学报, 24(02): 149-155.

徐云刚, 詹亚光. 2009. 植物抗旱机理及相关基因研究进展. 生物技术通报, (02): 11-17.

许振柱, 于振文, 王东, 等. 2003. 灌溉条件对小麦籽粒蛋白质组分积累及其品质的影响. 作物学报, 29(05): 682-687.

姚凤娟, 贺明荣, 李飞, 等. 2008. 花后灌水次数对强筋小麦籽粒产量和品质的影响. 应用生态学报, 19(12): 2627-2631.

尤凤春, 史印山, 魏瑞江, 等. 2007. 京津冀干热风对小麦千粒重影响分析. 中国气象学会 2007 年年会生态气象业务建设与农业气象灾害预警分会场论文集.

张福锁, 朱耀瑄. 1992. 旱地小麦生产第一因素. 干旱地区农业研究, 10(1): 39-42.

张洪华, 贺明荣, 刘永环, 等. 2008. 氮、硫肥与灌浆后期高温胁迫对小麦籽粒产量和品质的影响. 生态学杂志, 27(02): 162-166.

张立伟, 宋春英, 延军平. 2011. 秦岭南北年极端气温的时空变化趋势研究. 地理科学, 31(08): 1007-1011.

张艳菲, 王晨阳, 马冬云, 等, 2014. 花后渍水、高温及其复合胁迫对小麦籽粒蛋白质含量和面粉白度的影响. 作物学报, 40(6): 1102-1108.

张跃强, 李剑峰, 王重, 等. 2012. 干旱胁迫下小麦幼苗基因表达谱的 cDNA-AFLP 分析. 麦类作物学报, 32(02): 240-244.

赵辉, 戴廷波, 荆奇, 等. 2006. 灌浆期高温对两种品质类型小麦品种籽粒淀粉合成关键酶活性的影响. 作物学报, 32(03): 423-429

赵俊芳, 赵艳霞, 郭建平, 等. 2012. 过去 50 年黄淮海地区冬小麦干热风发生的时空演变规律. 中国农业科学, 45(14): 2815-2825.

赵明月, 欧阳芳, 张永生, 等. 2015. 2000—2010 年我国小麦病虫害发生与危害特征分析. 生物灾害科学, 28(1): 1-6.

周凯南, 刘焕庭, 范永华. 1982. 小麦纹枯病研究初报. 山东农业科学, (3): 33-36.

AI-khatib K, Paulsen G M. 1984. Mode of high temperature injury to wheat during grain development. PI Physiol, 61: 363-368.

Balla K, Rakszegi M, Li Z, et al. 2011. Quality of winter wheat in relation to heat and drought shock after anthesis. Czech J. Food Sci., 29(2): 117-128.

Banowetz G M, Ammar K, Chen D D. 1999. Postanthesis temperatures influence cytokinin accumulation and wheat kernel weight. Plant Cell and Enviro, 22: 309-316.

Biffen R H. 1905. Mende's laws of inheritance an wheat breeding. J Agric Sci, 1: 4-48.

Blumenthal C S, Batey I L, Bekes F, et al. 1991. Seasonal changes in wheat grain quality associated with high temperature. Australian Journal of Agricultural Research, 42(1): 21-30.

Blumenthal C S, Bekes F, Gras P W. 1995. Identification of wheat genotypes tolerant to the effects of heat-stress on grain quality. Cereal Chemistry, 72(6): 539-544.

Boughton A J, Hoover K, Felton G W. 2006. Impact of chemical elicitor applications on greenhouse tomato plants and population growth of the green peach aphid. Entomol. Exp. Appl., 120(3): 175-188.

Broin M, Rey P. 2003. Potato plants lacking the CDSP32 plastidic thioredoxin exhibit overoxidation of the BAS1 2-cysteine peroxiredoxin and increased lipid peroxidation in thylakoids under photooxidative stress. Plant Physiol., 132: 1335-1343.

Bruckner P L, Frohberg R C. 1987. Stress tolerance and adaptation in spring wheat. Crop Science, 27(1): 31-36.

Fisher R A. 1981. Optimizing the use of water and nitrogen through breeding of crops. Plant and Soil, 58: 49-278.

Gooding M J, Ellis R H, Shewry P R, et al. 2003. Effects of restricted water availability and increased temperature on the grain filling, drying and quality of winter wheat. Journal of Cereal Science, 37(3): 295-309.

Guttieri M J, Ahmad R, Stark J C, et al. 2000. End-use quality of six hard red spring wheat cultivars at different irrigation levels. Crop Sci, 40: 631-635.

Guttieri M J, Bowen D, Gannon D, et al. 2001. Solvent retention capacities of irrigated soft white spring wheat flours. Crop Sci, 41: 1054-1061.

IPCC. 2013. Climate change 2013: The Physical Science Basis. Cambridge, UK: Cambridge University Press.

Keeling P L, Wood J R, Tyson R H, et al. 1988. Starch biosynthesis in developing wheat grain evidence against the direct Involvement of triose phosphates in the metabolic pathway. Plant Physiology, 87(2): 311-319.

Lalk I , Dörffling K. 1985. Hardening, abscisic acid, proline and freezing resistance in two winter wheat varieties. Physiologia Plantarum, 63(3): 287-292.

Leszczynski B. 1985.Changes in phenols content and metabolism in leaves of susceptible and resistant winter wheat cultivars infested by *Rhopalosiphum padi* (L.) (Homoptera: Aphididae). J. Appl. Entomol, 100(1/5): 343-348.

Lu C Y, Ji M D, Li P Y, et al. 2000. Synergistic germicidal effects of mixed preparation (MBN) of carbendazim and triadimefon on some wheat disease germs. Acta Agricul Turae Shanghai, (1): 62-66.

Maurel C, Chrispeels M J. 2001. Aquaporins. A molecular entry into plant water relations. Plant Physiol, 125: 135-138.

Morgan J M, Read B J. 2002. Evaluation in barley lines of a simple pollen method for breeding for drought tolerance in wheat. Cereal research Communications, 30: 315-322.

Mudgett M B, Clarke S. 1994. Hormonal and environmental responsiveness of a developmentally regulated protein repair L-isoaspartyl methyltransferase in wheat. Journal of Biological Chemistry, 269(41): 25605-25612.

Mullarkey M, Jones P. 2000. Isolation and analysis of thermotolerant mutants of wheat. Journal of Experimental Botany, 51(342): 139-146.

Ozturk A, Unlukara A, Ipek A, et al. 2004. Effects of salt stress and water deficit on plant growth and essential oil content of lemon balm (*Melissa officialis* L.). Pak. J. Bot, 36(4): 787-792.

Randall P J, Freney J R, Smith C J, et al. 1990. Effect of additions of nitrogen and sulfur to irrigated wheat at heading on grain yield, composition and milling and baking quality. Australian Journal of Experimental Agriculture, 30(1): 95-101.

Richards R A. 2006. Physiological traits used in the breeding of new cultivars for water-scarce environments. Agric Water Manage, 80: 197–211.

Shakirova E M, Bezrukova M V, Shayakhmetov I F. 1996. Effect of temperature shock on the dynamics of abscisic acid and wheat germ agglutinin accumulation in wheat cell culture . Plant Growth Regulation, 19: 85-87.

Singh S, Singh G, Singh P, et al. 2008. Effect of water stress at different stages of grain development on the characteristics of starch and protein of different wheat varieties. Food Chemistry, 108: 130-139.

Smirnoff N. 1993. The role of active oxygen in the response of plants to water deficit and desiccation. New Phytologist, 125(1): 27-58.

Sofield I, Wardlaw I F, Evans L T, et al. 1977. Nitrogen, phosphorus and water contents during grain development and maturation in wheat. Functional Plant Biology, 4(4): 799-810.

Stone P J, Nicolas M E, Stone P J, et al. 1994. Wheat cultivars vary widely in their responses of grain yield and quality to short periods of post-anthesis heat stress. Functional Plant Biology, 21(6): 887-900.

Terzioglu S, Ekmekci Y. 2004. Variation of total soluble seminal root proteins of tetraploid wild and cultivated wheat induced at cold acclimation and freezing. Acta Physiologiae Plantarum, 26(4): 443-450.

Wang G P, Zhang X Y, Wang W. 2010. Overaccumulation of glycine betaine enhances tolerance to drought and heat stress in wheat leaves in the protection of photosynthesis. Photosynthetica, 48(1): 117-126.

William J H, Kent F. 2003. Effect of temperature on expression of genes encoding enzymes for starch biosynthesis in developing wheat endosperm. Plant Science, 164(5): 873-881.

第 5 章　黄淮海冬小麦适应气候变化策略与技术途径

5.1　冬小麦适应气候变化整体趋势策略分析

5.1.1　温度升高

气候变化背景下热量资源存在区域差异和新的不均衡性，这导致农业发展及小麦生产应对措施发生改变。近 50 年来，我国北方霜期显著缩短，无霜期显著延长，大于 0℃积温增幅较大，有利于冬小麦安全越冬，种植北界明显北移。但也造成部分地区小麦秋冬季旺长，起身、拔节期提前，易遭受冻害，春季病虫害大暴发概率增加等风险，以及灌浆期高温热害。其应对策略主要为以下几个方面。

（1）筛选利用优质基因资源，加强品种选育及布局

加强选育抗旱、抗高温和低温等抗逆品种，搞好品种布局以应对气候变暖的挑战，从而在气候变化的情况下仍能做到粮食产量稳定增长。北部麦区随着冬季变暖改用冬性略有减弱的品种，有利于提早穗分化，增加穗粒数，挖掘增产潜力。例如，在河南选择利用抗逆性强的半冬性品种，扩大种植面积，压缩弱春性或春性品种种植面积。随着气候波动加剧，选用的品种仍应保持相对较强的抗寒性，尤其注意相对早播的麦田，品种的冬性不能降低过多。例如，湖北北部麦区应推广耐寒性较强的半冬性品种，南部麦区应推广灌浆速率快、熟期较早的品种。此外，优势品种集中和品种利用多样化可有效抵御气候变暖给小麦生产带来的风险。

（2）调整播期，控制播量，增强个体抗性

在冬季变暖的情况下，要适当推迟冬小麦播期，使小麦的各个生长发育阶段都处于相对适宜的环境条件下，主要防止冬旺及提前拔节，避免冻害的发生以及群体过大引起的病害滋生和后期倒伏。例如，在具有相对稳定冬眠期的海河平原，播期推迟幅度要根据气候变暖后推迟后的小麦停止生长期，按照培育冬前壮苗所需积温来推算。在黄淮平原和沿淮平原，因推广品种的冬性比过去增强，要综合考虑秋冬增温幅度与品种特性的改变，推算播期推迟的幅度。在因地因时调整播期的基础上，严格控制播量，防止因暖冬造成旺长、茎秆细弱、病虫严重，随极端气候发生概率增大，倒伏风险增加。

（3）调整作物配置与结构，提高群体适应性

温度升高和积温增大，作物种植熟制发生显著变化，复种指数不断提高，小麦-玉米套种改为平作。对于一年两熟热量充足地区可选用晚熟高产品种；对于"一茬有余，两茬不足"地区，通过品种搭配也可实现麦玉一年两熟，这样可有效利用新增的热量资源，提高小麦-玉米周年产量。

（4）加大病虫害综合防治力度

鉴于气候变暖特别是暖冬将会增加春季农业病虫害暴发、流行的概率，加之我国现

阶段小麦栽培品种过于单一，潜在风险大，应进一步重视和加强小麦病虫害的综合防治工作，提高生态系统兼容能力，加大小麦药剂拌种技术的推广范围，及时组织小麦栽培、病理专家对黄淮麦区小麦病虫害发生、流行情况进行调研，引导农户科学防治病虫害。

5.1.2 农业水资源匮乏

基于气候变化对中国农业水资源的影响及其适应气候变化所面临的挑战，采取有针对性的适应技术措施，是我国农业水资源适应气候变化的迫切要求，也是保证国家粮食安全及小麦持续稳产的重要前提。其应对策略主要为以下几个方面。

（1）挖掘优质遗传资源，选育并合理利用抗旱品种

选育抗旱性强的小麦品种，充分发挥品种自身的耐旱潜力，减少生育期间灌水次数和灌水数量，对于实现小麦水资源高效利用和农业可持续发展具有重要意义。近年来新育成的抗旱品种的水分利用效率都明显提高，河南和河北两省陆续选育出了一系列抗旱品种，如洛旱、衡麦和石麦系列，具有叶小、株型紧凑、叶片上冲、根系发达等特点，抗旱性与节水性状突出，水分利用效率高，且解决了过去旱地小麦品种抗旱性与丰产性难以结合的问题，实现了抗旱与丰产的统一。未来分子育种技术将在培育抗旱高产品种方面发挥重要作用。

（2）优化作物布局和耕作技术，提高个体耐旱能力

因干旱区域分布的改变，因地制宜，趋利避害，调整种植结构及品种布局。干旱缺水最严重的黑龙港地区压缩小麦面积，改种耐旱型更强的谷子等作物；河北省长期超采地下水，为我国最大漏斗区，可适当减少小麦种植面积，增加玉米种植比重。大力推广培肥地力、耕作保墒、地膜覆盖、沟植垄盖、秸秆粉碎还田覆盖以及保护性耕作等措施，增强土壤蓄墒保水能力，抑制无效蒸发，提高水分利用率。

（3）推广节水灌溉栽培技术，增强群体适应性

气候变化导致的北方旱区面积扩大，无效降雨次数增多，有效降雨次数减少。从作物本身入手，通过栽培措施调控，利用并开发生物体自身的生理和基因潜力，提高水分利用效率。大力推广非充分灌溉（间歇灌溉）、小畦灌溉等技术，把有限的灌溉水量分配在各关键期，采用优化理论对有限水量进行最优分配。由于作物各生育阶段对水分的需要量与敏感性都不一样，在小麦苗期蹲苗促进根系发育下扎，充分吸收土壤水，减少后期倒伏。推迟春水运筹时期，在拔节期需水关键期施足追肥，增大灌水量。此外，推行冬小麦缩行、增密、晚播节水技术，充分发挥化学调控栽培技术的抗旱增产能力，实现增加覆盖保蓄土壤水分，促进小麦根系生长，健壮植株，增强植株吸收矿物质和水分能力，从而抗旱节水。

（4）调整水利设施及推广节水灌溉工程，改善生态系统

根据降水时空分布的变化，调整新建水利工程的布局，完善灌溉系统，增大灌溉面积，提高整体抗旱能力。当前我国灌溉水利用系数只有 0.4，远低于发达国家的 0.7；灌溉水生产效率平均为 1 kg/m³ 左右，远低于发达国家（2.2 kg/m³）。针对农业水资源的日

益短缺，在有条件的地区要修建小型集水工程，发展径流农业和集雨补灌，在搞好渠道防渗的同时大力推广喷、滴、渗、管灌等新技术和方法。

（5）开发利用非常规水资源

在淡水资源日益短缺条件下，非常规水源的利用是弥补水资源不足的一条重要途径，发展潜力很大。提高人工增雨作业能力，大力开发空中水资源，是未来农业适应干旱的有效途径之一。回归水、微咸水、雨水、土壤水、海水淡化等非常规水资源也应物尽其用。

5.1.3　光照变弱

气候变化导致气溶胶增厚，削弱了到达地面的太阳辐射能，使地面接受的太阳能减少且阴、雾天气增多。近 50 年统计资料表明，年日照时数整体减少，且以华北地区减幅最大，这对黄淮海冬小麦生产将产生重要影响。其应对策略主要为以下几个方面。

（1）优选遗传资源，选育耐阴高光效新品种

弱光降低叶片光合速率和干物质生产量，加强弱光天气环境下小麦耐阴品种及高光效品种选育，充分利用弱光，提高光能利用率。现代选育的小麦新品种在低光照条件下光合速率显著下降，需调整扩大适应弱光照高光效品种的种植比例和面积。

（2）化调健苗技术，增强个体耐阴能力

由于气溶胶增厚，紫外线较少，易导致小麦苗质变弱，叶片变薄，叶绿素含量降低。通过外源施加生长调节剂使植株生长健壮，提高弱光下小麦叶绿素含量，提高净光合速率，有助于小麦的正常生长。

（3）群体结构调控技术

弱光条件下叶片增大，叶面积指数的增加在一定程度上增加了冠层对光能的截获能力，延长了叶片的功能期，同时伴随着散射辐射的增多，部分补偿了弱光逆境对干物质生产及产量的影响。通过播期、播量（适当密植）及行距配置（缩行匀播）以及水肥耦合技术重塑早生快发、紧凑型饱满式冠层的群体结构，力争群体早封行，叶片大而上冲，最大限度利用散射光，减少光能损失。

5.1.4　CO_2 浓度增加

未来气候继续变暖，大气 CO_2 浓度持续增加，作物叶片光合速率增加，CO_2 的直接肥效作用更明显。近 50 年来黄淮海平原冬小麦平均光温和气候生产力呈上升趋势，若考虑 CO_2 的直接肥效作用，这种增产趋势将更明显，但该区域的玉米生产潜力却是下降的。CO_2 浓度增加对植物生长的施肥效应，受植物呼吸作用、土壤养分和水分供应、固氮作用、植物生长阶段、作物质量等因素变化的制约，这些因素的变化很可能抵消 CO_2 增加的助长作用。其应对策略主要为以下几个方面。

（1）应用化调物质，增强个体生长的时序协调性，平衡粒数和千粒重

高 CO_2 浓度促进小麦分蘖，增加养分的积累和向籽粒输送的能力，促进穗粒形成，为提高产量提供了物质基础，但后期高温却抵消这些因素对产量的贡献，尤其异常高温

所致的籽粒不育和粒重下降。因此，在小麦后期要注重使用化调物质以减少籽粒败育率及粒重下降，平衡粒数和粒重。

（2）适时水分供应，协调个体生长对 CO_2 和水分的同步需求

小麦光合同化作用不仅受益于 CO_2 浓度的增加，而且还受制于水分的约束，即水分的良好同步匹配，才会对光合同化作用有利。同时，温度升高、有效水分的减少，将在很大程度上制约对 CO_2 的有效吸收，减弱作物的光合同化过程和强度。因此，需要保证小麦生长过程中水分的良好供应，尤其是在水分敏感期及籽粒灌浆期。

（3）适量减少氮肥，发挥 CO_2 正向最大化作用

CO_2 浓度升高，其直接肥效作用非常明显，但植株光合速率具有饱和性与报酬递减趋势。因此，通过减少氮肥供应，以充分发挥 CO_2 浓度升高对光合速率的正效应，这样既节约肥料，又消耗了大气中富集的 CO_2。

（4）构建合理群体结构，增强 CO_2 输送与吸收

气候变暖，麦苗分蘖早、分蘖多，个体发育快，造成叶片窄而细长，群体密集拥挤，形成田间郁闭，群体结构恶化。生产中一些农户对小麦品种特性掌握不准，没有根据品种特性和播种期来合理确定播种量，盲目加大播种量，造成麦苗拥挤，出现假旺苗，苗质不壮，群体质量不高，抗逆能力较差。生产上，通过播期、播量及肥水调控措施，构建合理群体结构，改善田间通风透光条件，促使茎秆粗壮，提高防倒抗病防衰能力，有利于作物冠层 CO_2 输送交换，增强植株对 CO_2 吸收与固定能力，充分发挥 CO_2 肥效功能优势。

（5）抑制蒸发和呼吸消耗，增强植株系统最优化生产性能

较高的蒸发率还可能抵消因 CO_2 增加而提高的水分利用率，导致小麦水分敏感期的水分胁迫更加严重。因此，在小麦高蒸发和高呼吸生育期间，注重水分与 CO_2 匹配，通过化调抑制蒸发和呼吸，降温减耗，最大限度增加物质积累量和水分利用效率。

5.2 冬小麦针对主要极端天气气候事件的应变技术

5.2.1 干旱

应对干旱措施分长期抗旱和应急抗旱，长期抗旱是指人们为解决干旱缺水问题，满足农作物生长对水的需求而进行的具有长期性、持续性的抗旱活动，如兴修水利、扩大灌溉面积、土壤培肥、农田基本建设和生态建设等，是一个地区抗旱能力的根本保证；而应急抗旱是重大灾情发生时所能做出的反应，可以看成是一个地区现实抗旱能力的综合体现。因此，抗旱减灾的过程其实就是人类力量与自然灾害力量对比的过程。

1. 确定技术

（1）搞好农田基本建设，增强抗旱减灾能力

搞好农田基本建设，兴建能在生产上长期发挥效益的设施，是保证粮食丰产稳产的基础。在干旱发生时，良好及时的灌溉更是减少损失、增加产量的重要保障。农田灌溉

水源建设的多少可用"灌耕比"来表示，即此区域中可灌溉面积占全部耕地的比例，该指标能够较好地反映各地抗旱能力，如河南麦区灌耕比从豫西、豫西南地区向豫东北、豫北方向增大（李树岩等，2009）。单位灌溉面积上电机井数量作为当地农业基础设施建设的重要组成，是反映农业抗旱能力的抗旱因子之一。整体而言，河南麦区单位灌溉面积上电机井数量在地域上的分布是由豫西、豫西南向豫东、豫北方向逐渐增多，除豫南部分农田灌溉主要依靠地表水外，其余县（市）电机井提水灌溉面积均占有效灌溉面积的 50% 以上。除灌耕比外，在水资源缺乏地区还应有保灌率的指标，如海河平原麦田基本上均为水浇地，但由于地下水位持续下降，河流全部断流，水库蓄水不足，经常不能满足小麦灌溉需要，发生干旱时许多机井只能抽出半管水甚至干涸。保灌率可用实际灌溉量与需灌量之比表示。因此，强化农田电机井建设，能够增强农业抗御旱灾的能力，为粮食稳产增产提供有力保障。

（2）实施麦田精耕细作，提高蓄水保墒能力

土壤里储存的能被植物利用的水分量，决定了作物的水分供应状况。土壤有效水分储存量少到一定程度，作物将受到干旱的危害。土壤水库能够储蓄水分的量，还与土层厚薄、土壤结构及土壤质地有关。增加耕层深度，可改善土壤结构，增强土壤蓄水能力，提高降水利用效率和作物产量。研究表明随着耕层深度增加，小麦长势渐好，小麦生育期可延长 3～7 天，小麦产量增加 16.2%～52.5%，降水利用率提高 1.43～4.65 kg/(mm·hm^2)，并以耕深 30 cm 效果最好（闫惊涛等，2011）。据生产实践，耕作层深度根据土壤类型和土体构造不同而不同，一般黏土宜深，沙土或漏沙土宜浅。黏土地小麦耕层加深到 20 cm 增产效果普遍显著，继续加深到 50 cm 还能增产，若再加深增产就不显著甚至有下降趋势。深耕以伏耕或秋耕最为适宜，但要赶早不赶晚，特别是伏耕必须赶在雨季来临前，以利张口蓄住天上水，而且使土壤有充分的熟化时间。深耕张口蓄住天上降水，还必须结合耙耱，才能使蓄纳的水分少蒸发散失。深耕加大储肥空间，也引起土壤养分浓度相对降低，所以必须增施有机肥料。此外，深松也具有显著的蓄水保墒能力。深松整地打破了犁底层，改善了土壤结构，对作物根系下扎、冬前壮苗、植株分蘖、提高化肥溶解能力等十分有利。据测算，深松整地的地块每亩能增加 2 t 蓄水能力，实现"一次深松管 3 年"，抗旱能力增强。增施有机肥料还有利于土壤团粒结构的形成，促进微生物活动，起到以肥调水的作用。

（3）选用抗旱品种，增强抗旱能力

小麦的抗旱性是指小麦植株在干旱时依靠某些性状（特性、特征）提供经济产量的能力，而抗旱程度则是指干旱条件下降低减产率的程度，籽粒产量下降越少，抗旱性越强。小麦品种的抗旱能力是由植株自身的生理抗性和结构特征以及品种能否把其生殖周期的节奏与农业气候的因素以最好的形式配合起来，趋利避害，获得最佳产量与品质，但不同品种对缺水的耐性是不同的。抗旱鉴定指标可分为两大类，一是形态指标，如株高、根系、分蘖、叶片形态等；二是生理生化指标，如叶片保水力、呼吸作用、光合作用、叶绿素含量、可溶性物质含量、抗氧化酶活性等。小麦植株的形态特征与植株抗旱性有一定关系，胡朝阳（2005）研究认为凡是植株高、根系较长、穗脖粗、穗子较大、穗节长、旗叶长宽比大、叶薄、色淡、密着茸毛、分蘖力强、成穗高、有芒的品种，耐

旱耐瘠薄，适宜于旱地种植。李友军等（1999）通过试验发现，在众多抗旱形态生理指标中，用胚芽鞘长和主胚根长进行品种抗旱性鉴定和筛选具有较高应用价值。

（4）推广非充分灌溉节水技术，提高水分利用率

由于水资源的匮乏，推广应用节水灌溉技术已成为小麦抗旱中重要的技术措施。非充分灌溉在最大限度节约作物生长期灌水量的前提下，寻求作物全生长期的最佳灌水次数、灌水时间、灌水定额，使农作物产量最大，提高水分生产效率、效益。现阶段，非充分灌溉比较容易操作的模式有灌关键水和调亏灌溉。调亏灌溉针对作物的生理特点，通过灌溉和农艺措施融合，有效调节土壤水分，可以不减少或增加产量。姜文来和贾大林（2001）试验表明，旱区冬小麦浇 3 水（灌溉定额 1905 m³/hm²），单产为 3846 kg/hm²，而浇 5 水（灌溉定额 3300 m³/hm²），单产为 4086 kg/hm²，节水灌溉后产量仅降低 5.9%，但水分利用效率提高 0.2～0.3 kg/m³。孟兆江等（2014）指出，适时适度的水分调亏可降低植株蒸腾速率，抑制植株"奢侈蒸腾"现象，显著减少水分散失，在拔节期及其以前水分调亏最有利于提高水分利用效率，适宜的水分调亏度为田间持水量的 50%～55%。如果调亏灌溉和密植相结合，调整作物的群体结构，则增产效果更好。如果将调亏灌溉对作物品质的改善等因素考虑进去，以高产、优质、节水作为最终的追求目标，这种调控效益会表现得更加明显。

2. 应变技术

（1）镇压

镇压是一项有多种作用的传统栽培技术，具有踏实土壤、抗旱提墒、抑制旺长、防止冻害等作用。通常情况下，黄淮平原麦田以播种前后与春季镇压为主。一般底墒充足、整地质量较好的田块，播种后经过镇压抗旱性显著。而整地过松，播种后镇压不到位，加之播种过浅、播种量过大、播种过早等情况导致麦苗越冬时受到旱、冻的危害。张胜爱等（2013）发现播种后镇压的小麦基本苗、冬前总茎数和春季最高总茎数分别比抢墒播种不镇压增加 12 万/hm²、52.5 万/hm² 和 97.5 万/hm²，冬前单株次生根多 0.6 条，产量增加 6%。刘万代等（1999）认为镇压影响分蘖发生，分蘖增减与温度变化有关，镇压后遇低温则影响分蘖的发生。早期镇压提高分蘖数，增加中大蘖，单株成穗数较多。单棱期镇压效果最好，产量增加显著。因此，播种后镇压相当于浇了一次底墒水，具有很好的节水增产效果。据测定，在小麦返青期抢墒播种后镇压和播前灌溉处理 0～10 cm 土层温度均高于对照，尤其是 5 cm 处的温度相差 1℃左右，有利于小麦根系发育，为小麦生长成壮苗、促进蘖成穗奠定了基础。近年来，旋耕面积扩大，土壤疏松导致冬季黄苗死苗现象严重。镇压有压实土壤、压碎土块、平整地面的作用，使种子与土壤紧密接触，根系及时长出与伸长，下扎到深层土壤中，提高麦苗的抗旱能力，麦苗整齐健壮。通常情况下选用机械镇压装置，一般可以选用镇压器，也可以采用拖拉机牵引铁磙、石磙等镇压器具进行镇压，或直接用拖拉机进行镇压。没有大牲畜的山区坡地，人工踩压也可起到镇压的效果，但必须连续踩压 2～3 次。另外，镇压措施也具有抗旱提墒控旺长作用，一般应选择在小麦返青长出新叶片后的晴天上午 11 时至下午 4 时前进行，以免损伤新生叶片，小麦开始拔节后不可再采取镇压措施。

北部冬麦区的海河平原，冬季干燥少雪多风，麦田表土经反复冻融，水分蒸发和升华散失风干，当干土层厚到一定程度，麦苗因旱冻交加容易发生死苗，存活苗的地上部也严重枯萎。冬季镇压可使干土层变浅，消除坷垃弥合裂缝，减少表土水分散失，促使冻土上界融化，水分沿毛细管上升，缓解分蘖节受旱，还可稳定地温，兼有减轻越冬冻害的作用。孟范玉等（2015）试验表明，镇压 2 次后 0～10 cm 处土壤含水量较对照提高 22.59%～36.6%，死苗率降低 9.35%，其中对亩穗数的影响要大于对穗粒数和千粒重的影响，镇压处理后亩穗数平均较对照增加 5.27%。冬季镇压的原则是压干不压湿，压软不压硬，重压旺轻压弱。表土湿润时镇压会造成板结，严寒天气地表冻硬时和弱苗时镇压会造成机械损伤。具体应针对干土层较厚且较疏松的麦田情况，选择回暖天气中午前后表土化冻时镇压，旺苗应重压，而弱苗重压则会造成机械损伤。

（2）中耕

中耕是指在作物生育期间所进行的土壤耕作，如锄地、耪地、铲地、趟地等。①中耕时间。小麦封垄前，用小锄头中耕除草，疏松土壤，切断土壤毛细管，防止水分蒸发，蓄水保墒，防止地表干裂，促进麦苗健壮生长。开春以后，随着温度升高，土壤蒸发量加大，且"春雨贵如油"，降水量存在着不确定因素。因此，为了预防春季干旱，中耕锄划是一项有效的保墒增温促早发措施，尤其是对群体偏小、个体偏弱的麦田，要把锄划作为早春麦田管理的首要措施来抓。在灌水或降水后，用锄头在土壤表面松出 10 cm左右厚的"暄土"，抑制土壤水分蒸腾进行保墒，促进根系发育，增强抗旱能力。小麦在拔节期适时进行中耕除草，同时也可亩追施尿素 10～15 kg、过磷酸钙 15～25 kg、硫酸钾 5～10 kg，增强小麦抗逆能力，并能保花增粒，促进增产。②中耕深度。中耕的深度应根据根系生长情况而定。在幼苗期，苗小、根系浅，中耕过深容易伤苗、埋苗；苗逐渐长大后，根向深处伸展，但还没有向四周延伸，因此，这时应进行深中耕，以铲断少量的根系，刺激大部分根系的生长发育；当根系横向延伸后，再深中耕，就会伤根过多，影响生长发育，特别是天气干旱时，易使植株凋萎，中耕宜浅不宜深。

（3）化学调控

保水剂和作物蒸腾调控剂是两种主要的化学调控措施。杨永辉等（2010）通过试验发现保水剂不仅减少了小麦的水分消耗、增加了计划湿润层土壤含水量、提高了产量和水分利用率，还明显改善了土壤的物理特性，促进土壤团粒的形成，进而抑制土壤水分蒸发和促进作物根系的生长。作物蒸腾调控剂是一种以黄腐殖酸为主要成分，加入植物生长所需要的一些营养元素而制成的一种不含激素、无毒、无害、无环境污染的化学抗旱节水剂。在小麦生育中后期叶面喷施，改善了植株的水分状况、降低蒸腾、减少水分消耗、提高了含水量和保水力；减轻了干旱对膜系统的伤害，降低了外渗电导值；减慢了叶绿素的分解，延缓了植株的衰老，增加了穗粒数（2.9%）和千粒重（3.6%），起到抗旱增产（7.0%）的效果（梁杰和任长忠，2000）。

（4）做好预测预报，实施人工增雨作业

人工增雨的原理源自于对云、云中微物理过程和雨滴形成过程的科学分析和实验研究。人工增雨的理论明确地告诉人们，某一地域实施人工增雨能否奏效的先决条件是当地空中水汽含量是否充沛，是否有足够的过冷云水，自然球晶是否缺乏。对河南省空中水汽的来源、输送路经、辐合、辐散的综合研究表明，河南空中水汽的输送路径有西南、南海和东海至少 3 条路径，这说明河南空中水汽来源丰沛。从宏观上证明河南省空中水资源丰富，尚有近一半的云水可进一步开发利用，且以中部以北增雨潜力最大。人工增雨的原理是建立在打破自然云有时存在的微物理状态不稳定的基础上，是一种"以巧破千斤"的策略，可充分发挥"空中水库"蓄水作用，精心设计，按需增雨，以达到抗旱减灾目的（周毓荃等，1997）。2010 年小麦播种后，黄淮麦区长时间持续干旱，河南省依据天气预报实施人工增雨，从 2 月 25～27 日，全省出现一次大面积降水过程，平均降水量超过 15 mm，部分地区超过 30 mm，有效缓解了土壤旱情，为大旱之年小麦再获丰收起到了重要作用。

5.2.2　渍涝和湿害

黄淮海冬麦区的渍涝和湿害以沿淮平原的低洼地常发和较重，其他地区只在降水过多或灌溉过量时在较短时间内局部发生。麦田渍害的形成，根本原因是耕作层土壤水分含量过多，根系长期缺氧造成的危害。因此，防治的中心是降低耕作层土壤含水量，增强土壤透气性，一切有利于排除地面水、降低地下水、减少潜层水、促使土壤水气协调的方法都是防治小麦渍害的有效措施。

1. 确定技术

（1）搞好农田排水设施建设

1）田间建好排水系统

要在较短时间内排除麦田内过多的地面水、潜层水、地下水，必须在田间建起排泄流畅的排水系统。雨季前修好排水沟是易涝地区非常重要的防涝（渍）措施。近年来我国对黄淮地区农田水利建设投入力度较大，各地应抓住机遇，根据自身特点，因地制宜，统一规划，因势利导，既要建成能排除田间积水的干、支、斗渠，又要健全河网系统工程。通过综合治理，达到"内河水位能控制得住，田间水挡得住，田内水排得快"的目标。

2）田内开好排水沟

在黄淮麦区"三沟"（边沟、腰沟、横沟）也被称为厢沟、腰沟、围沟，要求沟沟相通，雨水过多时田间积水能顺利排出，防止渍（涝）害发生。在田间排水系统健全的基础上，整地播种阶段要做好田内"三沟"的开挖工作，做到深沟高厢，"三沟"相连配套，沟渠相通，利于排除"三水"（内河水、田间水和田内水）。起沟的方式要因地制宜，本着"厢沟浅、围沟深"的原则，地下水位高的麦田"三沟"深度要相应增加。因此，为了提高播种质量保证全苗，一般先起沟后播种，播种后及时清沟；如果播种后起沟，沟土要及时撒开，以防覆土过厚影响出苗。

（2）选用抗渍（湿）害的小麦品种

不同小麦品种的耐湿性不同，因此，通过选育耐湿性小麦品种，可以有效地防止小麦渍（湿）害造成的小麦减产。目前，在我国南方多雨、渍害较重的麦区已经选育出了一些耐湿性较好的小麦品种，在小麦生产上发挥了一定的作用，减轻了湿害的危害。

试验研究表明，小麦品种间耐湿性差异较大，有些品种在土壤水分过多，氧气不足时，根系仍能正常生长，表现出对缺氧有较强的忍耐能力或对氧气需求量较少；有些品种在老根缺氧衰亡时，容易萌发较多的新根，且能很快恢复正常生长；还有些品种根系长期处于还原物质的毒害之下仍有较强的活力，表现出较强的耐湿性。因此，生产上选用耐湿性较强的品种，原则上应选用被省或国家审定、适于不同地域种植的小麦品种，增强小麦本身的抗湿性能，是防御渍（湿）害的有效措施。

（3）改进耕作栽培措施，改良土壤

1）熟化土壤

前茬作物应以早熟品种为主，收割后要及时翻耕晒垡，切断土壤毛细管，阻止地下水向上输送，增加土壤透气性，为微生物繁殖生长创造良好的环境，促进土壤熟化。有条件的地方夏作物可实行水旱轮作，如水稻与小麦，养地作物与小麦的轮作等，达到改土培肥、改善土壤环境的目的，减轻或消除渍害。

2）避免免耕，适度深耕

防止多年连续免耕，适当深耕，破除坚实的犁底层，促进耕作层水分下渗，降低潜层水，加厚活土层，扩大作物根系的生长范围。深耕应掌握熟土在上，生土在下，不乱土层的原则，做到逐年加深，一般使耕作层深度达到 23～33 cm。严防乱耕滥耙，破坏土壤结构，并且与施肥、排水、精耕细作、平整土地相结合，有利于提高小麦播种质量。

3）增施有机肥和磷钾肥

坚持有机肥和无机肥配合施用，一般在深翻时结合分层施肥，施有机肥 22 500 kg/hm²，磷肥 225 kg/hm²，上层施细肥，下层施粗肥。对湿害较重的麦田，做到早施巧施接力肥，重施拔节孕穗肥，以肥促苗升级。冬季多增施热性有机肥，如渣草肥、猪粪、牛粪、草木灰、沟杂马、人粪尿等。化肥多施磷钾肥，利于根系发育、壮秆，减少受害。姜灿烂等（2010）的长期定位试验表明，增施有机肥降低土壤容重并提高其孔隙度，土壤中大于 5 mm 机械稳定性大团聚体增幅达 2%～42%，不仅有利于土壤大团聚体的形成，还有利于改善土壤团聚体结构及其稳定性。土壤容重降低和土壤粗孔隙增加有助于改善土壤通透性，加快雨水渗透速度，协调土壤水气状况，促进小麦根系深扎，能有效防止小麦渍害。

2. 应变技术

（1）排水沟疏通排渍

在播种期"三沟"到位基础上，若遇降雨或农事操作后要及时清理田沟，保证沟内无积泥积水，沟沟相通，明水（地面水）能排，暗渍（潜层水、地下水）自落。加强应急疏通和排水沟的加宽加深管理，及时清除排洪障碍，积水严重时还要使用水泵抽出。保持适宜的墒情，使土壤含水量达 20%～22%，同时能有效降低田间大气的相对湿度，减轻病害发生，促进小麦正常生长。

（2）中耕及补肥

沿淮稻茬麦田土质黏重板结，地下水容易向上移动，田间湿度大，苗期容易形成僵苗渍害。降雨后，在排除田间明水的基础上，尤其是对遭受渍涝与湿害的麦田应及时中耕松土，切断土壤毛细管，阻止地下水向上渗透，改善土壤透气性，促进土壤风化和微生物活动，调节土壤墒情，减轻根系受损程度。稻麦两熟区应坚持水旱轮作，小麦季适度深耕和勤中耕，减少前作水稻土壤浸水时间长、土壤黏重、排水困难、透气性差等湿害易发不利因素。

若播种后雨水过多，或田块低洼积水，致使小麦根系受到伤害，僵苗迟长，叶色变为暗红色。稻茬麦田间湿度大，可直接撒施肥料，以追施氮磷钾复合肥或尿素最好。从补救效果看，渍害发生时期越早，追施肥料对遭受渍害小麦产量的补救效果越好，拔节期渍害的恢复指数可达 70%～80%。

（3）喷施生长调节物质，保护叶片防病

小麦在渍害逆境下，体内正常激素平衡发生改变，乙烯和脱落酸增加，地上部衰老加速。适当喷施生长调节物质，或微量元素及磷酸二氢钾等，以延缓衰老进程，同时还预防了小麦白粉病、纹枯病、锈病和赤霉病等，有效减轻湿害。谢祝捷等（2004）研究表明，6-BA 处理能减缓渍水条件下小麦旗叶叶绿素含量和净光合速率的快速下降，促进了水分逆境下小麦籽粒蛋白质、淀粉的积累，延缓小麦植株衰老。董登峰等（1999）研究表明，渍水逆境下喷施矮壮素能增加孕穗期小麦叶绿素含量，缓解 SOD 和 CAT 活性及根系活力的降低。减少 MDA 积累，增强 POD 活性，增加主茎绿叶数和次生根数，增大根冠比。与渍水对照相比单株产量增加 12.75%，达极显著水平。李晓玲和骆炳山（2000）指出，油菜素内酯还能增加孕穗期小麦的伤流量、主茎绿叶数、叶绿素含量和可溶性蛋白含量，提高小麦的光合速率，增加光合产物，延长叶片的功能期。

5.2.3 低温冻害

冻害是由于越冬生态条件超出了冬小麦抗寒能力而引起的，小麦的冻害程度主要取决于低温持续时间长短、降温强度和低温来临的早晚，除降温这个主导因素外，也与品种、播期、播量、土壤、耕作质量及水肥管理等方面有很大关系。因此，防御冻害总体而言就是使麦苗与越冬生态条件相适应，防御冻害可采取以下一些措施。

1. 确定技术

（1）合理选用抗寒品种，做好品种布局

培育和选用抗寒耐冻品种，是防御小麦冻害的根本保证。各地要严格遵循试验、示范、推广的科学体制，结合当地历年冻害发生的类型、频率和程度及茬口早晚情况，调整品种布局，冬性、半冬性、春性品种合理搭配种植。对于海河平原北区应采用强冬性品种，南部区应采用冬性品种；对冬季冻害易发的黄淮海冬麦区，宜选用抗寒性强的半冬性品种；对易发生春霜冻害麦区，包括部分黄淮海冬麦区和沿淮麦区生产上应选用和搭配种植耐晚播、拔节较晚而抽穗不晚的弱春性品种；对于沿淮麦区，宜种半冬性品种和抗寒性较好的弱春性品种，适当限制抗寒性差的春性品种的种植面积，以免冬前拔节，降低抗寒力，遭受冻害。冬性半冬性品种表现较强的抗寒性，冻害程度轻，而对一些拔节早的偏春性品种只可作为搭配品种种植（王永华等，2006）。黄淮麦区南部遭受冻害严重的地块多是在不适宜种植春性品种的地区选用了春性品种而引起的；适宜种植春性品种的地区提早播种的地块也出现了严重冻害，过早播种多是因为抢墒早播，或农民为了播完外出打工而进行的。在倒春寒频发且冬春季易遭遇干旱的河南省中东部、安徽省淮北、山东省西南以及江苏省北部等地区，品种布局上，早茬应选用苗期生长健壮，根系发育好，对水肥不敏感，春季和后期有一定耐旱能力，春季起身、拔节和抽穗较晚，中后期灌浆较快的半冬性中熟和中晚熟品种（赵虹等，2014）。江淮之间麦区和黄淮南部麦区应注意适当限制抗寒性差的春性品种的种植面积，避免冻害造成损失。

（2）依据品种发育特性，确定适宜播期与播量

根据历年多次小麦冻害的调查结果，发现因冻害严重减产的原因多半是使用春性品种且过早播种和播种量过大而引起的。特别是遇到苗期气温较高年份，麦苗生长较快，群体较大，春性品种易提早拔节，甚至会出现年前拔节的现象，因而难以避过冬春间的寒潮袭击。因此，生产上要根据不同品种，选择适当播期和播量，实现品种、播期和播量"三位一体"。

播种过早或较晚均对小麦安全越冬不利。小麦安全越冬的生育期应因生态区域不同而异。对黄淮麦区来说，播种过早，易形成冬前旺苗，小麦冬前在几次冷空气后通过了春化阶段，越冬前发育进入了二棱期，在越冬过程中，寒流经过，将加重越冬冻害；播种较晚，小麦冬前分蘖极少，苗弱，分蘖节中储藏的糖分少，抗冻能力弱。近几年来黄淮海地区种植的品种大多是半冬性品种，播种过早，冬前进入二棱期甚至小花分化期，抗冻能力大大减弱。海河平原北部的小麦，一般年份入冬停止生长时幼穗分化是刚进入伸长期，播种特早和冬性偏弱品种可进入单棱初期，但越冬很容易死苗；晚播强冬性品种要返青期才开始伸长，而海河平原南部则刚进入单棱期，如进入单棱后期和二棱初期越冬受冻风险也很大。适期播种的麦苗生长健壮，抗寒能力较强。对于冬性品种来讲，播种早对越冬安全影响不大，而对于半冬性品种安全越冬影响很大。

（3）提高整地播种质量，培育壮苗增强抗冻性

土壤结构良好、整地质量高的田块冻害轻，土壤结构不良，整地粗糙，土壤翘空或龟裂缝隙大的田块冻害严重。机播和人工撒播冻害程度不同，机械条播由于播种深浅一致，出苗整齐，苗壮，群体与个体生长协调，冻害轻，撒播田块冻害严重；播种时麦田不平整，低处易播浅或积水，高处易播深或受旱。因此，平整土地有利于提高播种质量，减少"四籽"（缺籽、深籽、露籽和丛籽）现象，可以降低冻害死苗率。

播种后镇压能有效调节土壤水分、空气、温度，是高质量播种的一项重要农艺措施。镇压的主要作用是进一步压碎土块，沉实土壤，促使土壤下层水分上升（俗称提墒）；同时还可以使种子和土壤进一步密接，有利于早出苗，育壮苗。秸秆还田地块尤其要特别注意播后镇压，以提高小麦抗寒、抗旱能力，否则小麦种子易被碎秸秆架空，出苗和扎根困难，但地湿时不能镇压，否则会造成板结。

旺苗、老弱苗容易遭受冻害，而壮苗则很少受冻，壮苗是麦苗安全越冬的基础，适时适量适深播种，培肥土壤，改良土壤性质和结构，施足有机肥和无机肥，合理运筹肥水和播种技术等综合配套技术，是培育壮苗的关键技术措施。实践证明，壮苗越冬与早

旺苗、晚弱苗越冬相比,因植株内养分含量积累多,分蘖节含糖量高,所以具有较强的抗寒力。即使遭遇不可避免的冻害,其受害程度也大大低于早旺苗和晚弱苗,由此可见,培育壮苗既是小麦高产技术措施,又是防御冻害、减少损失的措施。由于黄淮海平原不同麦区的降水量、温度等气候条件存在较大差异,以至于不同生态区小麦冬前壮苗标准不一致。海河平原北区壮苗标准为主茎叶龄 5~6、单株分蘖 4~5、单株次生根数 4~8、越冬群体 80 万~90 万/亩;海河平原南区壮苗标准为主茎叶龄 5~7、单株分蘖 3~5、单株次生根数 4~10、越冬群体 60 万~90 万/亩;黄淮平原区壮苗标准为主茎叶龄 6~7、单株分蘖 3~5、单株次生根数 4~8、越冬群体 60 万~80 万/亩;沿淮平原区壮苗标准为主茎叶龄 5~6、单株分蘖 2~4、单株次生根数 5~7、越冬群体 60 万~80 万/亩。生产中,形成壮苗的播种基础不同,壮苗也有多种情况,田间管理就需因地因时灵活掌握实施。

(4)适时进行麦田灌溉,缓冲变温保苗

由于水的热容量比空气和土壤热容量大,灌水能使近地层空气中水汽增多,在发生凝结时,放出潜热,可缓冲地面温度变幅。同时灌水后土壤水分增加,土壤导热能力增强,使土壤温度增高。适时冬灌是预防小麦冬季冻害的有效措施,并且可为小麦春季生长蓄足水分,达到冬水春用、春旱冬防的效果。适时冬灌能稳定地温,缓和地温的剧烈变化,缩小昼夜温差,紧实土壤,消除土壤空隙,可以有效防止冷空气袭击小麦地下部分。冬灌后土壤水分充足,可以缓和地温的剧烈变化,防止冻害死苗;还可以促进越冬期小麦苗的根系发育,巩固健壮分蘖,有利于幼穗分化,并为第二年返青期保蓄水分,做到冬水春用;另外,冬灌可以踏实土壤,粉碎坷垃,消灭越冬害虫。据历年试验证明:冬灌一般可增产 20%以上,冻害严重的年份增产幅度更大。

小麦冬灌一般应掌握"三看一适"(看墒情、看温度、看苗情,适量浇水)的原则。一是温度,适宜冬灌的温度指标为日平均气温 5℃左右,即昼消夜冻(白天化冻、夜间上冻),上冻下渗时期。二是墒情,适宜冬灌的墒情指标是 5~20 cm 土壤的含水量沙土低于 16%,壤土低于 18%,黏土低于 20%。三是苗情,晚茬麦和盐碱地麦不是较干旱的情况下不宜冬灌,但垡块大、坷垃多的麦田,不论播种早晚,均要冬灌,以踏实土壤。四是适量浇水,当田间持水量在 60%~70%时,一般每亩麦田灌水 60~70 m³ 为宜,做到灌水接墒,地面无余水。浇冻水时间要适时,应在气温降至 5℃左右时进行。如果气温低于 3℃时,冬灌就有发生冻害的危险。沙土地因水分下渗快,冻水应适当推迟到日平均气温 3~5℃;黏土地水分下渗慢,应适当提早到 5~7℃。根据天气预报,在初霜冻和倒春寒到来之前 1~2 天突击小水浇灌麦田(有喷灌条件的地方提倡喷灌)。一般沙地、高岗地应晚浇,黏土地、低洼地应早浇,土壤墒情好的可以不浇。先灌底墒不足或者表墒较差麦田且水量要大,后灌墒情较好并有旺长趋势的麦田,且水量要小(郑大玮等,2013)。

(5)麦田覆盖,防冻保温

"地面盖层草,防冻保水抑杂草",在进入越冬期后,在小麦行间适量撒施一些麦糠、碎麦秸等,有保墒、防冻作用,腐烂后变成农家肥,还可以改良地质,保护分蘖节不受冻害,对防止杂草翌春旺长具有良好作用。密切注意气象预报,在寒流来临之前,在冬灌、施肥之后，及时给麦田行间盖上一层草、麦糠，有利于防风、防冻、保温、保墒，并防止翌春旺长。麦秸、稻草等均可切碎覆盖，覆盖后撒土，以防大风刮走，开春后，将覆草扒出田外。

2. 应变技术

小麦冻害后应及时采取补救措施，尽量做到不减产或少减产。不可轻易毁掉发生冻害的麦田，而要及时采取追肥、浇水、喷洒生长素等补救措施，促进小麦生长发育。只要补救措施得当，仍能获得较好的收成。认真观察田间发生冬季冻害的麦苗，可以看到，在一株小麦中，冻死的单茎是主茎和大分蘖，在大分蘖的基部还有刚刚冒出来的小分蘖的蘖芽，经过肥水促进，这些小分蘖和蘖芽可以生长发育成为能够成穗的有效分蘖。实践证明，在黄淮麦区与沿淮麦区，发生冻害的麦田只要补救措施得当，一般情况下仍能获得较好的收成。

（1）及时追施氮素化肥，促进小分蘖迅速生长

发现主茎和大分蘖已经冻死的麦田，要分 2 次追肥。第一次在田间解冻后即追施速效氮肥，每亩施尿素 10 kg，开沟施入，以提高肥效；对于缺墒的麦田，结合浇水施入，在日平均气温 0℃以上时追施氮肥后用水管每亩浇水 20 m³，促进肥料溶解，以利植株吸收，并使所浇水当日渗入地下；磷具有促进分蘖和根系生长的作用，缺磷地块可以将尿素和磷酸二铵混合施用。第二次在小麦拔节期，结合浇拔节水施拔节肥，每亩用 10 kg 尿素。

（2）中耕保墒，提高地温

受冻害的麦田要及时进行中耕松土，蓄水提温，可有效促进分蘖成穗，弥补主茎穗的损失。一般受冻麦田，仅叶片冻枯，没有死蘖现象，早春应及早划锄，提高地温，促进麦苗返青，若苗质偏弱，在起身期追肥浇水，提高分蘖成穗率。

（3）加强中后期管理，促壮蘖防早衰

小麦遭受冻害后，要做好以促为主的麦田中后期管理。由于受冻麦田植株的养分消耗较多，后期容易发生早衰，在春季第一次追肥的基础上，应根据麦苗生长发育状况，在拔节期或挑旗期适量追肥，促进穗大粒多，提高粒重。4 月上旬若遇晚霜冻害，可用植物生长调节剂喷施。中耕松土，蓄水提温，能有效增加分蘖数，弥补主茎损失。"麦锄三遍草，病少虫少长得好"，冬锄与春锄，既可以消灭杂草，使水肥得以集中利用，减少病虫发生，还能消除板结，疏松土壤，增强土层通气性，提高地温，蓄水保墒。

（4）倒春寒发生后及时追肥浇水

春季遇寒流侵袭降温后 2～3 天及时观察幼穗受冻程度，发现茎蘖受冻死亡的麦田要及时追肥、浇水，促其恢复生长。一般茎蘖受冻死亡率在 10%～30% 的麦田，可结合浇水施尿素 60～75 kg/hm²；茎蘖受冻死亡率超过 30% 的麦田，施尿素 120～180 kg/hm²，以促高位分蘖成穗和提高小穗、小花结实率，减少产量损失。4 月上中旬受晚霜冻害，无法再促进高位分蘖发生和成穗，可以采取叶面喷肥和助壮素（尿素、磷酸二氢钾或麦健等），提高未受冻小穗和小花结实率，促进籽粒灌浆，提高千粒重（赵虹等，2014）。

（5）沿淮地区应注意清沟排渍

对受冻的小麦，更要注意养护根系，增强其吸收养分的能力，以保证叶片恢复生长和新分蘖的发生，及其成穗所需要的养分，因此要做好受冻麦田的清沟排渍工作。

（6）海河平原受冻晚播弱苗的补救措施

上述措施主要针对黄淮麦区、沿淮麦区一般麦田和海河平原的早播麦受冻苗，而对于海河平原的晚播弱苗，受冻特点与补救措施有所不同。不但主茎和大蘖比壮苗脆弱和受冻伤严重，弱蘖更容易被冻死。若发生毁灭性大面积死苗，只能采取及早耕翻改种其他作物的办法；若存活率能达到30%以上且分布较均匀，还有可能通过加强管理促进早春新蘖发生而争取较好收成。与壮苗和旺苗的补救措施不同，除非干旱非常严重，早春不能急于浇水施肥，否则会加重冻伤和死苗。应精细浅松土，少量增施速效磷肥和暖性有机肥以促进新根发出。由于受冻晚弱苗发育偏迟和群体偏小，返青浇水追肥均应晚于常规管理，但拔节期的浇水追肥应适当提前并加大力度，首先立足提高成穗率。

5.2.4 干热风

干热风是一种高温、低湿并伴有一定风力的农业灾害性天气。干热风有高温低湿型、雨后青枯型、热风型3种类型，发生干热风时，温度显著升高，湿度显著下降，并伴有一定风力，蒸腾加剧，根系吸水慢，往往导致小麦灌浆不足，秕粒严重甚至枯萎死亡，从而造成小麦不同程度的减产。因此，应及时预防干热风，降低其对小麦生产的不利影响，对黄淮麦区小麦生产的稳产、高产具有特殊意义。

1. 确定技术

（1）营造农田防护林

营造防护林对于调节农田小气候、改善生态环境、防御干热风有良好效应。农田营造防护林有降低温度、增加湿度、削弱风速和减少蒸发蒸腾的作用。由于林网能减弱干热风的强度，缩短干热风的持续时间，减少干热风出现频率，因此林网内小麦受害轻，生理活动正常进行，增产效果明显。因此，加强农田林网基本建设，对防御干热风灾害意义重大。

（2）实行桐麦间作

冬小麦与泡桐间作有降低温度、增加湿度、削弱风速和减少蒸发的作用，因此实行桐麦间作能有效地防御或减轻干热风危害。陈兴武等（2007）试验发现，杏麦间作田的光照强度、气温、地温均小于小麦单作田。离树干越近，气温越低，这对小麦灌浆期减轻干热风危害非常有效，对改善田间小气候、延长小麦灌浆时间有重要作用。由于泡桐适宜生长在排水良好、土层深厚、通气性好的沙壤土或沙砾土，这些地区可发展桐麦间作生态模式，而低洼易涝、黏重、碱性较强、较寒冷地区不适宜泡桐良好生长，这些区域发展桐麦间作需慎重。

（3）选用抗干热风能力强的品种

在干热风经常出现的地区应注意选择抗逆性强的早熟品种，这类小麦品种的特点是灌浆速度快、早熟、抗旱，耐高温，不易感染病虫害等。选育丰产性好、抗干热风强的品种是防御干热风的根本措施，一般落黄好的品种都比较抗旱、抗干热风。

传统育种方法周期长、定向性差、效率低，又受到种质资源匮乏或难以利用的限制。随着植物基因工程的发展以及大量抗逆基因的鉴定和克隆，利用基因工程方法培育抗逆作物新品种已成为减轻逆境胁迫造成损失的重要手段，转 *betA* 基因能够提高小麦对热、旱、风共胁迫的抗性，为小麦抗干热风育种提供资料。张伟伟等（2011）研究表明，干热风胁迫使得各株系植株的旗叶甜菜碱含量升高，但转 *betA* 基因株系的叶片甜菜碱含量比野生型的高 18%～87%。在甜菜碱保护作用下，转基因植株在胁迫条件下能够维持较高的光合速率，合成较多的碳水化合物。因此，转 *betA* 基因增强抗干热风能力主要是通过显著提高小麦植株甜菜碱含量实现的。

2. 应变技术

（1）加强肥水管理，改善麦田小气候

通过灌溉保持适宜的土壤水分增加空气湿度，可以预防或减轻干热风危害。薄地和沙土地应尽量避免在大风和降雨天气浇灌。麦田后期灌溉 1 次水，地表温度可以降低 4℃左右，小麦株间湿度可增大 4%～5%。应适时浇足灌浆水，灌浆水一般在小麦灌浆初期浇。若灌浆初期遇小雨，只要没下透雨，就应在小雨后浇足水分以免后期缺水。肥力好、水分充足的麦田，浇麦黄水易引起减产，且影响强筋小麦品质。提倡施用酵素菌沤制的堆肥，增施有机肥和磷肥，适当控制氮肥用量，合理施肥不仅能保证供给植株所需养分，而且对改良土壤结构、蓄水保墒、抗旱防御干热风起着很大作用。

（2）培育健壮群体，增强抗干热风能力

通过调整作物布局，加深耕作层，熟化土壤，使根系深扎，适时早播，培育壮苗，健壮群体，促小麦早抽穗，适时浇好灌浆水、麦黄水，补充蒸腾掉的水分，使小麦早成熟，通过这些耕作和栽培技术，也能取得防避干热风的效果。

（3）小麦干热风的化学防治

在干热风来临之前，或小麦生育后期向叶面喷施化学制剂，调节小麦新陈代谢的能力，增强株体活力，达到抗灾的目的。草木灰、抗旱剂一号、阿司匹林、磷酸二氢钾、氯化钙、萘乙酸、硼肥、锌肥等，这些制剂大多能提高小麦抗旱或抗干热风的能力，增强光合作用，提高灌浆速度和籽粒饱满度，或使小麦叶片气孔处于关闭状态，减少植株蒸腾失水量，从而减轻干热风的损失。

1）喷化学肥料类物质

在小麦孕穗期或抽穗期，每亩喷施 10%的草木灰浸出液 50 kg，既能提高小麦抗旱或抗干热风的能力，又能加速灌浆，增加粒重。在小麦孕穗、抽穗和开花期，各喷施一次 0.2%～0.4%磷酸二氢钾水溶液，每亩每次 50～75 kg，可促进小麦结实器官的发育，增强光合作用，减少叶片失水，加速灌浆进程，提高麦秆内磷钾含量，增强抗御干热风的能力。在小麦开花期和灌浆始期，各喷施一次 0.1%的氯化钙水溶液，每亩每次 50～70 kg，通过增强小麦叶片细胞的吸水和保水能力，减少植株水分蒸腾。"一喷三防"是小麦生长后期采取综合作业，使用杀虫剂、杀菌剂、植物生长调节剂、叶面肥、微肥等

混配剂喷雾,一喷多效,达到防病虫害、防干热风、防倒伏,增粒增重,确保小麦增产的一项关键技术措施。在小麦灌浆后期每亩喷施 50 kg 左右的 2%～3%尿素溶液,也具有预防干热风、改善光合特性、提高粒重的效果;也可每亩喷施 50～75 kg 的 0.2%硫酸锌溶液,可有效促进小麦受精,加速小麦后期发育,增强其抗逆性和结实。

2)喷生长调节激素类物质

除上述化学肥料外,其他生理活性化学物质产品也具有一定的防御效果。萘乙酸:在小麦扬花期及灌浆初期,喷施萘乙酸水溶液各一次,每次每亩用量 50～70 kg,也能有效减轻干热风的危害。黄腐酸盐:在小麦孕穗期前后,亩用抗旱剂药剂 40～50 g,加适量水,全田喷洒。以叶片正反两面都附着药液为度,不仅能有效抗御干热风的危害,而且可以增加小麦绿叶面积,增产 15%～20%,达到一药多效之目的。阿司匹林:在小麦扬花期至灌浆期,喷施 0.04%～0.05%的阿司匹林水溶液,可使小麦叶片气孔处于关闭状态,减少植株蒸腾失水量,从而减轻干热风的危害。植物保护剂高脂膜:是一种优良的乳化剂,其附着性极强,不易被雨水冲净,具有抗旱防病功效,小麦扬花末期麦田喷施高脂膜可防病和抗干热风且增产,该物质还具有防治赤霉病等病害的功效,其具有阻止病菌传播、侵入或改变寄主植物生理活动、增强抗病性,限制病菌扩展危害,直接或间接达到防病增产的目的,对人畜等动物无害、无污染无残留,具有多功能综合效果(杜建等,2004)。

除了上述的干旱、湿(涝)害、冻害和干热风外,在不同生态地区及特定时段还会发生大风、冰雹、沙尘等极端天气气候事件。例如,小麦灌浆前期风灾倒伏发生概率较高,危害也较大,这就要加强品种、耕作与化控等措施综合运用;平原地区降雹次数虽少,但多出现在农作物生长的关键时期,且雹块一般较大,其对农作物的危害也不容忽视。

5.3 冬小麦应对环境改变的防控技术

5.3.1 土壤环境调控

气候变化导致气温升高后,引起农业生产条件的改变,农业成本和投资大幅度增加,土壤有机质的微生物分解将加快,长此下去将造成地力下降、土壤质量下降。

1. 广辟肥源,增施肥料

气候变暖加速土壤有机质矿化,CO_2 浓度增高促进作物生物量积累,在一定程度上可以补偿土壤有机质的减少,增加了对氮素养分的需求。但土壤一旦受旱后,根系生物量的积累和分解都将受到限制,影响土壤有机质的积累速率,但干旱若与高温结合又会加速土壤养分的矿化。总体而言,高 CO_2 浓度条件下要求施用更多的肥料以满足小麦生长的需要,尤其需要广辟肥源,增加有机肥的施用。

2. 改变施肥技术

化肥释放周期缩短,肥效对环境温度的变化十分敏感,尤其是氮肥。温度增高 1℃,

能被植物直接吸收利用的速效氮释放量将增加约 4%，释放期将缩短 3.6 天。因此，要想保持原肥效，每次的施肥量将增加 4%左右。因此，需要增加施肥次数，利用防控释肥减缓养分释放周期，以保证小麦生长对养分的持续稳定需求。

3. 增施微生物肥料

气候变暖和降水减少会改变土壤微生物区系及其生境，喜温与好氧微生物的比例增大，如根瘤、自生固氮菌、磷细菌、抗生菌等，并将对土壤养分循环与 pH 产生一定影响，从而影响到作物根系发育及对水分、养分的吸收。微生物肥料，简称菌肥，它是由具有特殊效能的微生物经过发酵（人工培制）而成的，含有大量有益微生物。土壤增施微生物肥料后，不仅固定空气中的氮素，而且活化土壤中的养分，改善植物的营养环境，通过产生活性物质刺激植物快速生长。当然，施用菌肥必须配合改良土壤和合理耕作，以保持土壤疏松、通气良好，发挥微生物肥料的最大营养化功能。

此外，气候变化还会使灌溉成本提高，进行土壤改良和水土保持的费用增大，使农业的投资增大，提高了农业成本。

5.3.2　有害生物防治

据调查统计，我国小麦常见病害约 38 种，虫害约 37 种，麦田常发性杂草有 80 余种。由于我国小麦病虫草害种类繁多，不同地区常发性病虫草害各不相同，不同年份发生的种类和程度差异也较大。尤其随着气候变化、机械化联合收割和跨区作业，以及秸秆还田、免耕播种等新技术的推广应用，小麦病虫草害种类和发生呈加重趋势，一些过去局部零星发生的病虫害有时会大面积发生，有些过去已被有效控制的病虫害，近年来又有明显回升和加重。

1. 小麦病虫草害发生新特点

（1）发生面积大

气候变暖会使农业病虫害的分布区发生变化，低温往往限制某些病虫害的分布范围，气温升高后，这些病虫害的分布区可能扩大，从而影响小麦生长。王丽等（2012）基于全国农区 527 个站点 50 年资料研究表明，年平均温度以 0.27℃/10a 的速率升高，其每升高 1℃，可导致病害发生面积增加 6094.4 万 hm^2；年平均降水强度以 0.24 mm/（d·10a）的速度增加，其每增加 1 mm/d，可导致病害发生面积增加 6540.4 万 hm^2；年平均日照时数以 47.4 h/10a 的速率减少，其每减少 100 h，可导致病害发生面积增加 3418.8 万 hm^2。

（2）发生期提前

气候变化导致的光、温、水变化中，温度增加对病害发生面积增加的影响最为显著，其次为日照时数减少，最后为平均降水强度增大。有害生物的生长发育速度依赖于环境温度，气候变暖加快了优化生物的发育，增加了越冬基数，种群高峰期提前。全国暖冬年，小麦蚜虫发生期可提前 5 天以上，小麦病害始见期比常年提前 20 天以上，2007 年河南漯河麦蚜盛期比常年提早 5～46 天。

（3）危害期长而重

温室效应还使一些病虫害的生长季节延长，使害虫的繁殖代数增加，一年中危害时间延长，作物受害可能加重。

（4）次生和新生病害加重

气候变化条件下局部地区的温度和降水均发生明显的变化，极端气候及耕作制度、农药使用、播种期等改变，次生病害可能会上升为主要病害。在气候变化的大背景下，异常气候出现的概率将大大增加，尤其是极端天气现象的增多，也会导致某些年份病虫害大发生。小麦赤霉病原是长江流域主要病害，2012 年河南小麦赤霉病大发生。

（5）草害加重

气候变暖，喜温害草增多，杂草分布向北延伸和向高海拔延伸；CO_2 浓度升高将有利于植物的光合作用，但其对农作物和杂草的影响可能并非相等，通常会增强杂草的相对竞争力；CO_2 浓度升高使化学农药的使用量增大，除草剂的防效可能会明显降低（李保平和孟玲，2011）。

2. 病虫草害防治技术

（1）确立综合防治策略

小麦病虫害防治应本着"预防为主、综合防治"的大方针，调整有害生物综合治理（IPM）策略，强化病虫草害的监测和预警，调整作物布局。尽量采取以生物防治和农业防治为主、化学防治为辅的原则，争取以预防控制为目标，尽量不用或少用农药，用低毒、高效和残效期短的农药。

（2）加强生物防治

选育和利用抗病虫品种是防治病虫害最为安全、经济有效的措施，有利于农业的可持续发展。加强种植检疫，选用合格的种子。无标识的种子是未经检疫或检疫不合格的种子，可能携带有危险性的病虫害，生产上杜绝使用无标识种子。

研究表明，利用生物多样性也能有效控制病虫害。实践中把某些作物通过间作、套种或混种等形式合理搭配种植，往往可以控制或减轻某些病虫害的发生，从而收到"不施农药，胜施农药"的效果。麦套棉由于小麦的屏障作用，不仅直接影响棉蚜迁入，而且棉田温度要比单作田低 1℃左右，再加上麦行天敌的作用，不用施药即可控制棉花苗期蚜虫危害。肖靖秀等（2006）指出，小麦间作蚕豆能明显减轻小麦白粉病和锈病的发生，白粉病防效达 42.1%～83.1%，锈病防效达 22.2%～100%。姜延涛等（2015）研究表明，品种混种对降低小麦白粉病的发病程度有积极作用，控病效果与混合组分和品种数有关，4～7 个品种混种效果较好。随着混种组分数的增加，控病效果也呈增加趋势，但当混合品种超过一定数量时，这种增加趋势却在减弱，甚至消失。

（3）调整并利用化学防治

化学防治法是应用化学农药防治病虫害的方法。主要优点是作用快，效果好，使用方便，能在短期内消灭或控制大量发生的病虫害，不受地区季节性限制，是防治病虫害的重要手段，其他防治方法尚不能完全代替。化学农药有杀虫剂、杀菌剂、杀线虫剂等。杀虫剂根据其杀虫功能又可分为胃毒剂、触杀剂、内吸剂、熏蒸剂等。杀菌剂有保护剂、治疗剂等。使用农药的方法很多，有喷雾、喷粉、喷种、浸种、熏蒸、土壤处理等。

气候变化导致病虫害耐药性增强，病虫害天敌减弱，有害生物发生规律改变，同时也增大了农药挥发性，改变药效，因此需加快研发新型药剂，改进施药方式。使用化学农药，要掌握病虫发生规律，抓住防治有利时机，及时用药。同时还要注意农药合理混用，交替使用，安全使用，避免药害和人畜中毒，注重减弱其对环境释放的压力。

生产中，一定要注重一喷多效。例如，冬小麦主产区"一喷三防"措施，它在小麦生长后期一次喷施杀虫剂、杀菌剂、植物生长调节剂、叶面肥、微肥等混配剂，可达到防病虫害、防干热风、防倒伏、增粒增重等综合效果，是小麦增产的一项关键技术。此外，用 20%三唑酮乳油按种子量的 0.2%拌种，可以防治小麦锈病、白粉病；采用 50%辛硫磷乳油 100 ml+20%三唑酮乳油 50 ml，兑水 2～3 kg，拌麦种 50 kg，拌匀后堆闷 2～3 h 播种，可兼治多种地下害虫。

（4）优化栽培管理措施

1）选种与晒种：播前用筛子筛除小粒种子，选用粒大饱满的种子。也可用 20%的盐水选种，不仅能选出籽粒饱满的种子，而且还可以淘汰有病、虫的麦粒。选好的种子必须用清水冲洗干净，晾干后播种。选择晴天，将种子摊在阳光下暴晒，并经常翻动，使种子吸热均匀，改善种皮的通气性，增强种子活力，提高种子发芽率。一般连续晒种 2～3 天。

2）深耕灭茬、消灭菌源：土壤表层病残体的残存量多，发病重。小麦播种前或收获后宜深耕细耙，把留在土表的残体翻埋于土下，对未掩埋的残茬秸秆，应清除或沤肥。

3）合理施肥：首先，要使用完全腐熟的粪肥。没有完全腐熟的粪肥中，含有大肠杆菌、线虫等病菌和害虫，直接使用导致病虫害的传播、作物发病，对食用小麦的人体健康也会产生影响；未腐熟有机物质在土壤中发酵时，容易滋生病菌与虫害，也导致小麦病虫害的发生。因此，必须使用完全腐熟的粪肥。施用化肥要注意氮、磷、钾营养元素的协调配合与平衡。若土壤肥力高、有机质含量高，则氮肥施用量不宜超过磷肥用量；若土壤贫瘠，有机质含量低，磷肥施用量不宜超过氮肥用量。

4）精量播种：应大力推广机械、精量、半精量播种技术，以实现播种均匀、深浅一致和提高透气性，达到苗齐、苗全，并有利于提高光合作用效率。

5）灌溉与排水：播种后立即开好田间"三沟"，做到沟沟相通，达到旱能灌，涝能排。开春后，要经常疏通"三沟"，做到遇雨时沟底不渍水，雨停田干，以降低土壤湿度，防止根系早衰等渍涝危害。

5.3.3 麦田减排增汇

气候变化导致全球温度和 CO_2 浓度升高，极端气候事件增多。当前，我国温室气体排放量多，大气污染物排放总量大，大气中 CO_2、CH_4 和 N_2O 的浓度增加对增强温室效应的总贡献率占了近 80%，以 $PM_{2.5}$ 为特征的区域性复合型大气环境问题日益突出。因此，需要考虑温室气体和局域污染物的协调治理，制订多重污染物和温室气体减排综合措施，通过减缓气候变化的影响来改善气象条件，降低雾霾灾害发生的风险。从小麦生产过程看，农田"固碳"与"减排"同步，将 CO_2 固持在农田土壤中，加强施肥环节管理，减少来自氮素肥料的氮化物气体的释放。

1. N_2O 减排

（1）促进区域间氮肥施用的均衡发展

我国小麦产区氮肥用量存在差异，山东部分地区过量施用，而河南部分地区施用不足，通过氮肥均衡施用则可大大减少农田 N_2O 等气体排放，同时提高作物生产力。

（2）优化氮肥施用技术

通过合理的养分配比、改表施为深施、有机肥与化肥混施等措施能提高氮肥利用率。大颗粒尿素在土壤中溶解比较慢，挥发损失少，通过丸粒化深施既降低了氨挥发损失，又减少温室气体 N_2O 的排放。土壤水分状态也是 N_2O 排放的一个主要影响因素，通过水分优化管理，同时搭配适宜的肥料种类、数量及时期，充分发挥水肥一体化耦合技术优势，既提高了水肥利用效率，又减少了氧化亚氮的排放。若将氮肥利用率从 20%～30% 提高到 30%～40%，则可相应降低 10% 的 N_2O 排放。

（3）使用长效氮肥和控释化肥

碳酸氢铵和尿素是我国农业的主体肥料，但它们的肥效期短，挥发损失量大，氮素利用率低。与施用普通碳酸氢铵和尿素相比，长效碳酸氢铵与长效尿素能显著减少 N_2O 排放 25% 以上。

（4）施用生物抑制剂

脲酶抑制剂氢醌与硝化抑制剂双氰胺适宜组合，可有效地减少 N_2O 排放和其他气态氮损失。

2. 增加土壤有机碳固存

采用合理轮作，通过改进和优化耕作措施，增加有机肥施用，注重化肥与有机肥的配合施用，推广少耕与免耕技术，提高秸秆与有机物质的归还量，增加土地覆盖秸秆还田，可以降低土壤侵蚀，改善有机质和养分循环，能稳定甚至增加土壤有机碳储量，减少农田土壤的 CO_2 净排放。例如，免耕是非常有效的提高农田土壤有机碳的方法，土壤免耕减缓了土壤中碳、氮基质供应量，通过陆地生物及落叶的转化使有机碳蓄积量增加，因此免耕土壤比传统耕作措施管理的土壤有机碳平均水平高。因此，农田土壤碳库的稳定与增加，对于保证全球粮食安全与缓解气候变化趋势具有双重的积极意义。

5.3.4 农业生物多样性保护

气候变化使物种物候、分布和丰富度等改变，使一些物种灭绝、部分有害生物危害强度和频率增加，使一些生物入侵范围扩大、生态系统结构与功能改变等，因此，加强有害生物、恶性杂草等监测与控制对于稳定小麦生产系统具有重要意义。

1. 扩大遗传基础，丰富种质资源

农业本地物种抗病抗逆能力强，包含丰富的优势遗传基因资源，加强本地农业资源

多样性保护，培育优质高产抗病的优良品种，以有效适应气候变化的影响。目前我国小麦育种缺失新的突破性亲本，品种间的遗传差异日趋狭窄，遗传多样性逐渐降低。最近几年白粉病全国范围发生与流行，锈病在各个麦区均一再流行，这就要求小麦育种在扩大利用国外资源的同时，大力挖掘我国丰富的地方种质资源及野生近缘植物中重要相关基因，不断拓宽和创新小麦育成品种的遗传基础。

2. 加强品种选育，注重栽培调控适应

气候变化显著改变陆地生态系统的碳循环和养分循环，微生物作为土壤物质循环和生化过程的主要参与者和调节者能敏锐地感受到土壤生态系统发生的微小变化并作出响应。气候变化促进土壤呼吸，加快农田土壤养分周转，改变农田土壤碳氮组分，其长期效应将改变土壤微生物群落结构向适应高 C/N 条件转化。CO_2 浓度增加将会导致微生物群落真菌优势度的提高，增加土壤真菌/细菌值，土壤微生物群落可能向厌氧和嗜酸的群落组成方向进行转变。气候变暖将有利于喜温微生物的繁衍、抑制喜凉微生物的活动，气候暖干化地区好氧微生物的比率增高。为维持小麦生产系统的相对稳定性，加强适应土壤微生物区系及环境改变的品种选育，注重人工适度适应。在生产环节中，做好深耕、增施有机肥和氮肥以及适度灌水等栽培调控措施，培育健壮根系，抑制土壤微生物多样性的改变进程，促进土壤与根系互作良性循环，保障小麦生长对气候变化的稳定适应。

3. 保护有害生物的天敌，防范生物入侵

外来入侵的有害生物物种，通常其繁殖能力强，代谢旺盛，繁殖周期短，在较短时间内侵占了入侵地原有的生物物种的领地，成为群落系统最优势种群，导致原有生物物种生存困难，长期下去就会导致原生物物种消失不见，破坏了生物系统，最终生物链断裂。近些年农业上入侵物种主要有紫茎泽兰、空心莲子草、毒麦、互花米草、假高粱等。保护有害生物的天敌，是防范生物入侵的最有效办法。依据有害生物–天敌的生态平衡理论，可从外来有害生物的原产地引进食性专一的天敌，有利于将有害生物的种群密度控制在生态和经济危害水平之下。引进或者保护好有害生物的天敌，重新建立有害生物–天敌之间的相互调节、相互制约机制，恢复和保持稳定的生态平衡，切实保护好生物多样性，确保农业生态环境安全。

参 考 文 献

陈兴武, 雷钧杰, 赵奇, 等. 2007. 杏麦间作复合群体内主要农业气象因素变化特点初探. 新疆农业科学, 44(6): 775-778.

董登峰, 骆炳山, 陈大清. 1999. 涝渍逆境下化学调节对孕穗期小麦生理特征和产量性状的影响. 基因组学与应用生物学, 18(4): 258-260.

杜建, 邢宏宜, 贾涛, 等. 2004. 小麦应用高脂膜防病抗干热风增产的效果研究. 中国生态农业学报, 12(2): 148.

胡朝阳. 2005. 春小麦品种抗旱形态特征的观察. 甘肃高师学报, 10(2): 41-45.

姜灿烂, 何园球, 刘晓利, 等. 2010. 长期施用有机肥对旱地红壤团聚体结构与稳定性的影响. 土壤学报, 47(4): 715-722.

姜文来, 贾大林. 2001. 农业水资源增殖研究. 中国农业资源与区划, 22(2): 37-40.

姜延涛, 许韬, 段霞瑜, 等. 2015. 品种混种控制小麦白粉病及其对小麦产量和蛋白质含量的影响. 作物学报, 41(2): 276-285.

李保平, 孟玲. 2011. 气候变化对农作物病虫草害的总体影响及其对策//中国植物保护协会. 中国植物保护学会 2011 年学术年会论文集: 877.

李树岩, 刘荣花, 成林, 等. 2009. 河南省农业综合抗旱能力分析与区划. 生态学杂志, 28(8): 1555-1560.

李晓玲, 骆炳山. 2000. 油菜素甾醇类物质对小麦孕穗期抗渍性的影响. 麦类作物学报, 20(1): 63-66.

李友军, 郭秀璞, 史国安, 等. 1999. 小麦抗旱鉴定指标的筛选研究. 沈阳农业大学学报, (6): 586-590.

梁杰, 任长忠. 2000. 喷施抗旱剂对小麦抗旱增产的研究. 吉林农业科学, 25(2): 41-44.

刘万代, 罗毅, 宋家永, 等. 1999. 不同生育时期镇压对冬小麦生长发育的影响. 河南农业科学, (12): 3-6.

孟范玉, 周吉红, 王俊英. 2015. 冬末春初京郊麦田镇压和补水对小麦产量的影响. 农业科技通讯, (3): 68-70.

孟兆江, 段爱旺, 王景雷, 等. 2014. 调亏灌溉对冬小麦不同生育阶段水分蒸散的影响. 水土保持学报, 28(1): 198-202.

王丽, 霍治国, 张蕾, 等. 2012. 气候变化对中国农作物病害发生的影响. 生态学杂志, 31(7): 1673-1684.

王永华, 李金才, 魏凤珍, 等. 2006. 小麦冻害类型、诊断特征及其预防对策与补救措施. 中国农学通报, 22(4): 345-348.

肖靖秀, 周桂凤, 汤利, 等. 2006. 小麦/蚕豆间作条件下小麦的氮、钾营养对小麦白粉病的影响. 植物营养与肥料学报, 12(4): 517-522.

谢祝捷, 姜东, 曹卫星, 等. 2004. 花后干旱和渍水条件下生长调节物质对冬小麦光合特性和物质运转的影响. 作物学报, 30(10): 1047-1052.

闫惊涛, 康永亮, 田志浩. 2011. 土壤耕作深度对旱地冬小麦生长和水分利用的影响. 河南农业科学, 40(10): 81-83.

杨永辉, 吴普特, 武继承, 等. 2010. 保水剂对冬小麦不同生育阶段土壤水分及利用的影响. 农业工程学报, 26(12): 19-26.

张胜爱, 郝秀钗, 崔爱珍, 等. 2013. 不同播种措施对河北冬小麦产量影响研究. 中国农学通报, 29(15): 98-102.

张伟伟, 何春梅, 张举仁. 2011. 转 betA 基因增强小麦的干热风抗性. 作物学报, 37(8): 1315-1323.

赵虹, 王西成, 胡卫国, 等. 2014. 黄淮南片麦区小麦倒春寒冻害成因及预防措施. 河南农业科学, 43(8): 34-38.

郑大玮, 李茂松, 霍治国. 2013. 农业灾害与减灾对策. 北京: 中国农业大学出版社: 577-579.

周毓荃, 孙博阳, 黄宪刚. 1997. 论河南省人工增雨抗旱减灾的可行性. 气象与环境科学, (3): 42-43.

第6章　黄淮海冬小麦适应气候变化技术集成

黄淮海冬小麦生产区根据农业资源和生态环境特点可以分为海河平原北区、海河平原南区、黄淮平原区、沿淮平原区4个生态亚区，各亚区小麦生产面对的主要气候变化影响问题不同，海河平原北区主要是缺水干旱、低温等，海河平原南区主要是干旱、后期干热风等，黄淮平原区小麦生产问题主要是晚霜冻害、干热风、病虫加重等，沿淮平原区主要是后期低温渍涝和病害加重。

6.1　海河平原北区

6.1.1　干旱

1. 技术识别

小麦干旱应对技术主要有：品种区域布局与利用技术、节水灌溉技术、土壤扩库增容技术、科学施肥技术、化学调控技术及其他一般节水抗旱栽培技术。

该区域内小麦应对干旱的首选技术应为品种布局与利用、节水灌溉技术，充分发挥作物本身的节水抗旱潜力，挖掘有限灌溉水的利用效率（李友军等，1999）；其次应为播种技术，包括播期、播量和播种方式；最后应为土壤扩库增容和化学调控等（杨永辉等，2010）。

2. 技术集成

品种选用与种子处理：选用省级农作物品种审定委员会或国家农作物品种审定委员会审定，且适宜该区域种植的丰产性好、耐旱节水性强、水肥利用效率高的小麦品种。种子质量符合 GB4404.1—2008 的规定。宜选用包衣种子；未包衣种子应在播种前选用安全高效杀虫、杀菌剂进行拌种，杀虫、杀菌剂的使用应符合 GB/T 15671—2009 的规定。条锈病、纹枯病、腥黑穗病等多种病害重发区，宜选用戊唑醇或苯醚甲环唑悬浮种衣剂、氟咯菌腈悬浮种衣剂；小麦全蚀病重发区，宜选用硅噻菌胺悬浮剂或苯醚甲环唑+氟咯菌腈悬浮种衣剂；小麦黄矮病和丛矮病发生区，宜选用吡虫啉拌种。防治蝼蛄、蛴螬、金针虫等地下害虫，宜选用 40%甲基异硫磷乳油或 40%辛硫磷乳油进行药剂拌种。多种病虫混发区，宜采用杀菌剂和杀虫剂各计各量混合拌种或种子包衣。

整地与节水：前茬收获后，用秸秆还田机将秸秆切碎（长度≤5 cm），均匀撒于地表，宜选用大型拖拉机耕翻掩埋入土，耕层深度应在 25 cm 以上，增强土壤蓄水。旋耕深度应≥15 cm，连年旋（免）耕麦田应间隔 2~3 年深耕一次。深耕和旋耕地块均应采用旋耕耙糖机械进行耙糖，达到上虚下实，避免透风跑墒。根据播种机播幅做好畦埂，平整畦面，一般畦长宜控制在 30～50 m、畦宽 2.8～2.9 m，以减少灌水下渗。

播种：半冬性品种适宜播期，北部为 9 月 20～30 日，中部、东部为 9 月 25 日～10 月 5 日，南部为 10 月 1～10 日；弱春性品种适宜播期，北部晚茬为 10 月 1～5 日，中部、东部为 10 月 1～10 日，南部为 10 月 5～15 日。适期播种期内，机播田播种量每亩为 10～15 kg。因灾害延误播期及整地质量较差地块，应适当增加播种量，每晚播 3 天增加 0.5 kg，每亩播量最多不能超过 20 kg。采用精播耧或播种机宽窄行（25 cm×15 cm）或窄行等行距（行距 15～20 cm）播种。播种深度以 3～4 cm 为宜，做到深浅一致，落籽均匀，播后应镇压。土壤墒情不足时，播种深度可加深至 5～6 cm。

施肥：肥料施用应符合 NY/T 496—2010 的规定，按照"增施有机肥，实施有机无机配合；氮肥总量控制，分期调控，适当调减氮肥用量和增加生育中后期施用比例；磷钾恒量监控，与硫、锌、硼等中微量元素配合矫正施用，并与高产栽培技术相结合"的原则进行。在秸秆还田和测土配方施肥基础上，根据不同土壤质地和产量水平，优化施肥结构，合理底肥追肥配比见表 6-1。有机肥在深耕前撒施，氮肥撒犁沟深施，磷钾肥作基肥分层施用，2/3 撒犁沟深施、1/3 耙前撒于地表，锌肥与有机肥混匀或拌细土撒施。生育期追肥应结合浇水进行。

表 6-1　不同产量水平底肥与追肥配比　　　　　　　（单位：kg/亩）

目标产量	有机肥	纯氮（N）		P₂O₅		K₂O	ZnSO₄
	全底	底施	追施	底施	追施	全底	全底
400～500	3000～4000	10～12	2～4	4～6	—	0～3	1.5
500～600	3000～5000	9～11	4～6	6～8	—	4～5	1.5
≥600	4000～5000	8～10	8～10	6～8	2～4	5～6	2.0

灌溉：播前储足土壤水，充分利用土壤水，小麦一生可减少灌溉水 50～100 m³，因此，播前应灌足底墒水，确保足墒播种。一般正常降水年份每亩需灌水 100 m³，9 月降水少于常年时应多于 100 m³，反之则可少于 100 m³。播种前 0～20 cm 耕层土壤含水量壤土应达到 16%～18%、两合土 18%～20%、黏土地 20%～22%。灌溉水质应符合 GB 5084—2005 要求。丰水年份（≥400 mm），春季可不灌水；平水年份（300～350 mm），春季灌一水，最适在拔节（药隔期）至孕穗期（四分体期）；枯水年份（≤200 mm）春季宜灌两水，最适灌水时期为拔节期和开花期。灌水量一般为 40～60 m³/次。积极采用喷灌、滴灌、渗灌及管道灌溉等先进设施节水灌溉技术（孟兆江等，2014）。

田间管理：

1）冬前及越冬期管理

冬小麦播种出苗后应及时检查出苗情况，对缺苗断垄（10 cm 以上无苗为缺苗；17 cm 以上无苗为断垄）的地方，用同一品种的种子浸种催芽后及早补种。注意中耕保墒，破除板结，改善土壤通气条件，促根蘖健壮发育。对群体过大过旺麦田，可深中耕断根或镇压控旺，保苗安全越冬。幼苗生长正常、群体和土壤墒情适宜的麦田，冬前不宜追肥浇水；有缺肥症状的麦田，应在冬前分蘖盛期结合浇水每亩追施尿素 8～10 kg。除草剂使用应符合 GB 4285—1989 规定。宜在 11 月中下旬～12 月上旬进行喷施，施药应均匀，不得重喷、漏喷。

2）返青—抽穗期管理

早春宜浅中耕松土,提温保墒。返青期,每亩总茎数 80 万以上,叶色浓绿,有旺长趋势的麦田,采取深耕断根,或在起身前选用植物生长调节剂进行化控防倒,施药应均匀,不得重喷、漏喷;每亩总茎数为 70 万左右,叶色青绿,根系和分蘖生长正常的麦田,在拔节中后期,结合浇水每亩沟施或穴施尿素 10 kg;每亩总茎数在 60 万以下,叶色较淡的麦田,在起身初期结合浇水每亩追尿素 10~12 kg。重点防治麦蜘蛛、纹枯病、白粉病等,杀虫剂、杀菌剂等农药使用应符合 GB 4285—1989 的规定。

3）抽穗—成熟期管理

应在小麦抽穗期或籽粒灌浆初期选择无风天气进行小水浇灌。在抽穗至灌浆前中期,每亩选用尿素 1 kg 加磷酸二氢钾 0.2 kg 兑水 50 kg 进行叶面喷洒。叶面肥使用应符合 GB/T 17420—1998 的规定。重点防治白粉病、赤霉病、条锈病、穗蚜和吸浆虫等,杀虫剂、杀菌剂等农药使用应符合 GB 4285—1989 的规定。在小麦蜡熟末期至完熟期,籽粒含水率下降至20%以下,适时收获。

6.1.2　低温与高温灾害

1. 技术识别

历史上黄淮海平原越冬冻害以长寒型为主,气候变暖后中南部以冬前过旺苗受冻为主,北部以入冬气温骤降型与旱冻交加型为主。北部由于发育较晚和焚风效应,春霜冻害危害较轻,南部越冬冻害轻于北部,但春季因发育提前和气候波动加剧,霜冻害明显加重。

小麦应对低温冻害技术主要有:品种利用技术、培育壮苗技术、水肥调控技术、化学调控技术、防早衰技术等。应对低温冻害的关键技术是品种利用,配套技术有播期调整和水肥调控;应对后期高温灾害技术主要有灌溉、化学调控等（李新平,2015）。

2. 技术集成

（1）播前准备

选用通过国家或省级农作物品种审定委员会审定,经相应区域试验、示范,适应该生态区生产条件,抗旱、抗冻、抗病、抗倒伏、分蘖成穗率高,尤其要选用生育后期抗干热风能力强、熟相好、成熟较早的半冬性或弱春性品种,质量符合 GB 4404.1—2008 的要求。用专用种衣剂包衣或药剂拌种。根病发生较重的地块,选用戊唑醇拌种剂,按约 0.04 g/kg 种子拌种,兼治小麦散黑穗病;地下害虫发生较重的地块,选用甲基异柳磷乳油 0.4 g/kg 种子拌种;病、虫混发地块用以上杀菌剂+杀虫剂混合拌种。包衣质量符合 GB 15671—2009 的规定,农药质量符合 GB 4285—1989 的规定。

有机无机结合,氮、磷、钾化肥科学配施,有针对性地补施中微量元素肥料。一般每亩施优质土杂肥 2000 kg 以上或精制有机肥 20~40 kg,精制有机肥符合 NY525—2002 规定。每亩产 300~400 kg 麦田,每亩施纯氮（N）10~12 kg,磷（P_2O_5）4~6 kg,钾

（K$_2$O）4～6 kg；每亩产 400～500 kg 麦田，每亩施纯氮（N）12～14 kg，磷（P$_2$O$_5$）6～7 kg，钾（K$_2$O）5～6 kg；每亩产 500～600 kg 麦田，每亩施纯氮（N）14～16 kg，磷（P$_2$O$_5$）7～8 kg，钾（K$_2$O）6～8 kg。超高产麦田、连年秸秆还田的麦田可酌情少施或不施钾肥，并注意适当增施氮素化肥。中高产麦田和种植优质强筋小麦的田块，要大力推广氮肥后移施肥技术。氮肥要深施、磷肥分层施用、钾肥集中施用。肥料使用应符合 NY/T 496—2010 的规定。

前茬玉米收获后及早粉碎秸秆，均匀撒于地表，秸秆长度 5 cm 左右，覆盖在地表，减少土壤水分蒸发，储墒保墒。

播种前如遇旱、土壤墒情不足时，及时浇灌底墒水，使耕层 0～20 cm 土壤含水量沙壤土达到 16%～18%、两合土 18%～20%、黏土地 20%～22%，确保适期足墒播种。

（2）整地播种

旋耕整地要旋耕 2 遍，旋耕深度 15 cm，旋后要耙实；连续旋耕的麦田 2～3 年必须深耕或深松一次，深度达到 15 cm 以打破犁底层。

机械翻耕 25 cm 以上，随耕随耙，耙细，耙透，达到地面平整，上松下实，保墒抗旱，避免表层土壤疏松播种过深。深翻和旋耕可以交替进行，2～3 年旋耕，一年深翻。

播种时土壤耕层的适宜墒情为土壤相对含水量 70%～80%。墒情适宜时及时播种，如果土壤墒情较差，必须进行造墒播种。

（3）田间管理

培育冬前壮苗：在底墒不足抢墒播种或 10～12 月天气干旱、土壤相对含水量 60% 以下，幼苗生长受到影响的麦田，海河平原北部应在 11 月中旬至下旬初，南部在 11 月下旬及时灌一次越冬水，每亩灌水量 40～50 m^3，旺长苗麦田要适当镇压。

春季协调优化群个体结构：对返青期每亩群体 90 万以上，叶色浓绿，有旺长趋势的麦田，采取深耕断根，或在起身前每亩用 15% 多效唑可湿性粉剂 30～50 g 或壮丰胺 30～40 ml，加水 25～30 kg 均匀喷洒，控旺防倒。对于播量大、个体弱、有脱肥症状的假旺苗，应在起身初期追肥浇水。对返青期每亩群体 80 万左右，麦苗青绿，叶色正常，根系和分蘖生长良好的壮苗麦田，推迟到拔节中后期，即在基部第一节间固定，第二节间伸长 1 cm 以上时结合浇水每亩沟施或穴施尿素 10 kg 左右，缺磷地块可配施适量磷酸二铵。对返青期每亩群体在 70 万以下、叶色较淡的麦田，及时进行肥水管理，促弱转壮，以巩固冬前分蘖，提高分蘖成穗率，促穗大粒多。该类麦田一般在起身初期结合浇水每亩追施尿素 10～12 kg。

化控防倒：对旺长麦田或株高偏高品种，于起身期叶面喷洒 20% 多效唑、壮丰胺等植物生长调节剂，缩短基部节间。

病虫害防治：起身至拔节期，当病株率达到 10%～15% 时，进行纹枯病防治；赤霉病防治于 10% 小麦抽穗至扬花初期喷第 1 次药，感病品种或适宜发病年份 1 周后补喷 1 次，要对穗喷雾防治，若遇喷药后下雨，则需雨后补喷；当病叶率 10% 时进行白粉病防治。抽穗至灌浆期，当百穗蚜量达到 500 头时，或蚜株率达 79% 时，进行麦蚜防治。

小麦生育中期拔节—孕穗是小麦营养生长和生殖生长并进时期，是保蘖增粒的关键时期，也是需要水、肥的敏感时期。在小麦拔节至孕穗期浇 1 次水并每亩追施尿素 10～15 kg，先撒肥后浇水，有效保证水肥供给，为后期延缓衰老奠定基础。

加强中期肥水管理：灌浆水是防治和减轻小麦干热风危害的一项关键措施。开花至灌浆初期（4 月下旬～5 月上旬），当土壤相对湿度低于 70%时，灌 1 次灌浆水，每亩灌水量 40～50 m³。有条件的麦田，可以采取喷灌，增加田间湿度、降低干热风危害（钱锦霞和郭建平，2012）。抽穗扬花后是多种病虫害集中发生的时期，要重点防治小麦白粉病、赤霉病、条锈病、穗蚜和吸浆虫等。可以采取"一喷三防"（防病、防虫、防干热风）综合治理。使用杀虫剂、杀菌剂、植物生长调节剂、叶面肥、微肥等混配药物喷雾，一喷多效，达到防病虫害、防干热风、防倒伏、增粒重。在小麦扬花期至灌浆期，混合用药、综合防治。以防治"四病三虫"（锈病、白粉病、赤霉病、叶枯病、麦穗蚜、吸浆虫、麦蜘蛛）为重点，兼治其他病虫害，防植株早衰、增粒重。开花至灌浆期叶面喷施 1%～2%的尿素溶液，或 0.5%～1%的磷酸二氢钾溶液等叶面肥 50～60 kg，连喷 2～3 次，每次间隔 7～10 天。叶面肥应符合 GB/T17420—1998 的规定。在干热风来临前喷洒萘乙酸等外源物质以及 0.5%～1%的磷酸二氢钾溶液等物质。

（4）收获

机械收割的适宜收获期为完熟初期，此时茎叶全部变黄、茎秆还有一定弹性，籽粒呈现品种固有色泽，含水量降至 18%以下。

6.2 海河平原南区

海河平原南区小麦生产的主要气象问题是干旱和干热风，干旱应对技术与海河平原北区类似，本节主要介绍干热风综合防控技术。由于气候变化，该区冬小麦后期遇干热风的概率明显上升，对小麦产量影响明显（孙芳等，2005）。

6.2.1 技术识别

气候变暖导致小麦发育提前、太阳辐射和风速减弱，以及灌溉条件改善和部分麦田改用冬性品种都有利于减轻干热风危害（马洁华等，2010），但气候变暖与波动加剧，冷暖骤变可加剧高温与干热风危害，其中雨后青枯有发展加重趋势（白月明等，1996）。大水大肥尤其氮肥过量使小麦贪青会严重降低对高温与干热风的抵抗力。

小麦应对干热风技术主要有：品种利用技术、化学调控技术、科学灌溉技术等。干热风防控关键技术为科学灌溉，配套技术为化学调控和品种利用等（杜建等，2004）。

6.2.2 技术集成

1. 品种利用

要选用抗干热风、早熟的高产品种，具体可以参考农业技术部门的品种利用建议。用氯化钙、复方阿司匹林等药剂拌种，可以促进小麦壮苗，增强小麦抗御干热风的能力。

2. 综合预防

营造农田防护林：农田防护林有降低温度、增加湿度、削弱风速和减少蒸发蒸腾的作用，可以明显减轻干热风的危害。

巧浇麦黄水：通过灌溉保持适宜的土壤水分增加空气湿度，可以预防或减轻干热风危害。尤其是在小麦成熟前 10 天浇一次水可有效预防干热风的危害。

叶面喷肥：在小麦开花至灌浆初期，用 1%～2%尿素溶液、0.2%磷酸二氢钾溶液、2%～4%过磷酸钙浸出液或 15%～20%草木灰浸出液作叶面喷肥，每亩每次喷洒 50～100 kg，可以加速小麦后期的生长发育，预防或减轻干热风危害，一般增产 8%～15%。

叶面喷激素：在小麦齐穗期和扬花期，用 0.5 ppm 三十烷醇溶液各喷一次，可使穗粒数增加 8.1%，千粒重提高 5.6%～6.8%，增产 10%～20%；在小麦扬花至灌浆期，亩喷 1000 倍石油助长剂溶液 50 kg，能防御干热风，增加千粒重，平均增产 7.8%；在小麦灌浆前，亩喷 40 ppm 萘乙酸溶液 50 kg，能增加千粒重；在小麦灌浆期，亩喷 60 ppm 苯氧乙酸溶液 25 kg，也能防御干热风，增加千粒重。

叶面喷施化学药剂：在小麦生育后期，在干热风来临之前，用石油助长剂、磷酸二氢钾、草木灰水、过磷酸钙、矮壮素等化学药剂喷洒叶面，可以改善小麦生理机能，提高小麦对干热风的抗性。

其他技术同常规的高产栽培技术。

6.3　黄淮平原区

黄淮平原区小麦的生产问题主要是晚霜冻害、干热风、病虫加重等，本节主要介绍晚霜冻害和病虫害等综合防控技术。

6.3.1　病虫草害

1. 技术识别

病虫危害是整个黄淮海冬小麦生产中的普遍问题，该区域主要病虫害有锈病、白粉病、赤霉病、纹枯病、全蚀病、蚜虫、吸浆虫和地下害虫等，病虫每年的发生特点都有差别，重点要做好预测预报，综合采用农业、物理和化学防治技术，各亚区的重点均在做好预防，采用抗性品种，并进行科学的种子处理，同时采用生态抗逆播种技术。在此基础上科学应用符合国家标准的农药，有针对性地做好防治。

气候变化导致主要病虫害的发生与危害出现新特点，如赤霉病过去主要发生于江淮，现在明显北扩；春季降水增加、灌溉条件改善和群体增大、郁闭加重后，白粉病已成为主要病害之一；随着气候变暖和锈病生理小种的改变，黄淮海北部条锈病有所减轻，叶锈病有所加重，但南部由于春季多阴雨条锈病仍常发；蚜虫、黏虫、吸浆虫等随着气候变暖越冬基数增大，危害期提前。

小麦病虫草害防控技术主要有：品种利用技术、化学防治技术、物理防治技术、生物防治技术等。

2. 技术集成

（1）农业防治技术

加强健身栽培。大力实施精耕细作、配方施肥、秸秆还田等丰产健身栽培技术，建立小麦合理的群体结构，创造有利于作物生长而不利于病虫害发生的生态环境，增强小麦抗逆抗病能力。

因地制宜选用农艺性状好的抗病良种。加强植物检疫。防止危险性有害生物的传播蔓延。有条件的地区适宜采用间作或混作，通过生态多样性增加从而提高群体抗性。

（2）物理防治技术

充分利用频振式杀虫灯和性诱剂诱杀黏虫、棉铃虫等害虫。

（3）生物防治技术

保护寄生蜂、七星瓢虫、捕食螨等天敌，创造有利于天敌生存的环境，选择对天敌低毒的农药；选用灭幼脲、BT 等生物农药防治黏虫，假单胞荧光杆菌防治根病。

（4）化学防治技术

小麦各生育期主要病虫草害的化学防治对象和措施列于表 6-2。

表 6-2　小麦病虫草害综合防治日历

生育期	时期	主要防治对象	次要防治对象	防治措施
播种期	10月上中旬	地下害虫、全蚀病、纹枯病、散黑穗病、腥黑穗病	白粉病、锈病、根腐病、叶枯病、蚜虫、红蜘蛛、吸浆虫	药剂拌种、土壤处理
冬前苗期至分蘖期	10月中旬至11月下旬	杂草、纹枯病	白粉病、锈病、红蜘蛛、蚜虫	喷施除草剂、杀菌剂、杀虫剂
返青至分蘖末期	2月下旬至3月上旬	杂草	纹枯病、锈病	喷施除草剂、杀菌剂
拔节至孕穗期	3月中旬至4月中旬	纹枯病、锈病、红蜘蛛、吸浆虫、麦叶蜂	白粉病、纹枯病、叶枯病、根腐病、麦秆蝇，控制旺长	喷施除草剂、杀菌剂、杀虫剂、杀螨剂及植物激素
抽穗至灌浆期	4月下旬至5月中旬	赤霉病、白粉病、颖枯病、叶枯病、吸浆虫、蚜虫	根腐病、黏虫、麦叶蜂	喷施杀菌剂、杀虫剂
成熟期	5月下旬至6月上旬	蚜虫、白粉病	黏虫、赤霉病、病毒病、干热风	喷施杀虫剂、杀菌剂、微肥

1）小麦播种期病虫害防治技术

播种期是小麦病虫害全程防治的基础。种子包衣或药剂拌种是保证苗齐苗壮的重要技术措施，可以有效防治蛴螬、蝼蛄、金针虫等地下害虫以及吸浆虫越冬幼虫、灰飞虱等；同时，药剂拌种还可以预防黑穗病、赤霉病、根腐病等土壤带菌或种子传播的病害，减轻苗期纹枯病、白粉病、锈病等多种病害的发生。

药剂拌种的常用方法有很多，用 40%辛硫磷乳油（或 40%毒死蜱乳油）50～100 ml+10%吡虫啉可湿性粉剂 30～40 g，加水 1～2 kg，拌种子 100 kg，对蝼蛄、蛴螬、金针虫等地下害虫有很好的防治效果。用 2.5%适乐时种衣剂或 10%戊唑醇种衣剂按种子量的 0.1%～0.15%拌种，对小麦黑穗病、全蚀病等病害有很好的防治效果；拌种时适量加入硕丰 481 等植物生长调节剂 10 ml/亩，可以提高小麦出苗率，促进根系发育，增强抗逆能力，培育壮苗。

2）小麦冬前苗期病虫草害防治技术

小麦冬前苗期病虫相对较轻，但有些年份因气温偏高，蚜虫、红蜘蛛、纹枯病等也有发生，可根据具体情况进行防治。10 月下旬到 11 月中旬是防治麦田杂草的关键时期。防治阔叶杂草，可喷洒快灭灵、苄嘧磺隆、苯磺隆、氯氟吡氧乙酸、二甲四氯等除草剂单一或混合兑水喷雾；防治野燕麦、雀麦、节节麦和看麦娘等禾本科杂草，可用麦极、骠马或世玛等除草剂兑水喷雾，宜早施药防除更好。阔叶杂草与禾本科杂草混发麦田，可用两类除草剂按照各自的用量混合使用。

防治麦蚜可选用吡虫啉、啶虫脒、氧乐果、敌杀死等菊酯类农药兑水喷雾；防治红蜘蛛可选用阿维菌素、达螨灵等杀螨剂兑水喷雾；防治白粉病、锈病可选用三唑酮、戊唑醇兑水喷雾。该时期小麦植株较弱，应严格控制用药量，避免药害。11 月中旬土壤干旱时，应浇越冬水。

3）小麦返青至孕穗期病虫草害防治技术

小麦返青后，杂草和小麦均开始快速增长，杂草逐渐难以防治，常对小麦造成严重危害，对于前期未能及时防治杂草的田块，应及时进行化学除草。同时，该时期还是全蚀病、纹枯病、根腐病等根部病害和红蜘蛛、地下害虫的盛发期，是春季小麦病虫害综合防治的第 1 个关键时期。此时发生的病虫害可选用杀菌剂混用杀虫剂喷雾，可采用 20% 三唑酮乳油 50～60 ml/亩+1.8% 阿维菌素乳油 40～50 ml/亩，兑水喷雾防治。

纹枯病发生田块差异很大，重点以早播田、高密度田为主，冬季气温偏高、春季雨水偏多的典型年份可以进行普遍防治。

小麦吸浆虫虽然是穗期危害的害虫，但应在 4 月中下旬的蛹期适时开展防治，提高防治效果。每亩用 40% 甲基异硫磷乳油（或 40% 毒死蜱乳油）150～200 ml 兑细沙土 30～40 kg 撒施地面并划锄，施后浇水防治效果更佳；若蛹期未能防治，成虫期防治可在田间小麦 70% 左右抽穗时，用 40% 氧乐果乳油 75～100 ml 叶面喷雾防治。

4）小麦抽穗期至成熟期病虫害防治技术

小麦抽穗后，各种病虫发生达到了高峰期，也是防治病虫危害，夺取小麦高产、优质的最后一个关键环节。小麦抽穗至灌浆期是蚜虫、白粉病、锈病、赤霉病的重要发生时期，应注意及时防治。

小麦灌浆初期，百穗蚜量一般年份都可达到 2000 头以上，远远高于 500 头的防治指标，因此应将蚜虫作为小麦虫害防治重点，做到全面监测与适时防治。小麦白粉病、锈病、赤霉病等病害，不同年份、不同品种、不同地块有很大差异，白粉病、赤霉病与品种关系较大，其次与小麦长势也有很大关系；赤霉病是气候性病害，准确预报还有一定难度，生产上仍坚持"主动出击，预防为主"的防治策略，一般情况下仍以药剂防治为主。

白粉病、锈病发生较重时，可用 20% 三唑酮乳油 40～50 ml，或 25% 戊唑醇乳油 30～40 ml，兑水均匀喷雾；预防赤霉病可用 50% 多菌灵粉剂 80～100 g，兑水均匀喷雾；麦蚜发生期，可用 10% 吡虫啉可湿性粉剂 30～40 g，或 2.5% 敌杀死 30～50 ml，兑水均匀喷雾。麦蚜、白粉病混合发生时，可以用上述药剂混合喷雾。

6.3.2　晚霜冻害

1. 技术识别

小麦晚霜冻害是该区小麦生产中的主要气象灾害（王永华等，2006），多发生于 3～4 月小麦拔节到孕穗期，随着全球变暖引起的气候不稳定性增加，小麦晚霜冻害愈发频繁，危害加重（潘春英，2015）。其主要应对技术有品种选择、提高播种质量、水肥管理等措施。

2. 技术集成

（1）选择抗寒品种

选择抗寒品种是关键，应根据区域特点选择高产抗寒品种，一般冬性品种和半冬性品种抗寒性较强，在晚霜冻害易发区，适当增加冬性、半冬性小麦品种的面积。

（2）适期适量播种

播种日期必须控制在适宜范围内，并适当晚播。一般掌握的范围是，半冬性品种 10 月 8～15 日，弱春性品种 10 月 10～20 日，春性品种在 10 月 20 日以后。降低播量、采取综合措施培育壮苗越冬是减轻冻害的根本措施。

（3）平衡配方施肥，增强抗寒力

冻害在薄地旺长麦田发生重而高水肥壮苗麦田危害轻。在做好测土配方基础上，进行氮磷钾平衡施肥，并增施有机肥，配合锌硼等微肥，加强田间管理，保证小麦前壮后稳。

（4）适度控旺

适度控旺的主要方法是镇压。对生长过旺的麦田采取镇压措施后，可抑制小麦过快生长发育，避免过早拔节而降低抗寒性。因此早春镇压旺苗，是预防小麦春季冻害的可行方法。

（5）科学浇水、化学调控

结合天气，因地因麦苗浇好越冬水和早春补墒水，可有效防止温差过大造成的冻害。在寒潮来临之前进行浇水，可提高近地面和叶面附近的气温，形成田间小气候以预防或减轻冻害。一般在霜冻前 1～3 天灌水效果最好，一般沙地、高岗地应晚浇，黏土地、低洼地应早浇，灌水以选择无风天气为好。

（6）补救措施

对叶片冻坏而幼穗未受冻的，应及时浇水补水。霜冻发生后，气温回升快，会造成细胞间结冰迅速融化，水分来不及被细胞吸收就大量蒸发，使小麦受害而加速死亡，因此应抢时浇水，结合浇水，亩施尿素 15～20 kg，以促进茎叶快速生长，防止幼穗脱水死亡，力争多成穗。

对幼穗已受冻的，可采取 3 项重要措施：第一，在灌浆前期浇一次灌浆水。第二，及时进行病虫综合防治和叶面喷肥。把防病虫药和尿素、磷酸二氢钾混合，在浇水前普遍喷洒一遍。第三，喷施芸苔素内酯、赤霉素等生长调节剂，加快细胞分裂，加速茎蘖生长，使小麦尽快恢复生长，尽量降低损失。

6.4　沿淮平原区

沿淮平原区小麦生产的主要气象问题是低温渍涝和病虫害加重，病虫害防控具有与黄淮平原区类似的发生特征和防控技术，本节主要介绍后期低温渍涝的综合防控（董登峰等，1999）。同时，该区主要是稻茬麦，有与其他 3 个区不同的种植特点。

由于气候变化，该区冬小麦越冬期和后期的极端最低气温呈上升趋势；年际间降水量极不稳定，易造成渍涝灾害。

6.4.1　播前准备

1）品种选用。选用高产、优质及抗湿、抗倒、抗病（主要是赤霉病、白粉病、纹枯病）性强的品种。

2）种子处理。用 2%戊唑醇悬浮剂，每 10 kg 种子用药 15～20 g，加水 0.5 kg 拌种，可兼治纹枯病、全蚀病等土传和种传病害。适期早播小麦可用多效唑等化控制剂拌种或浸种，可以起到矮化增蘖、控旺促壮的作用，以 1 g 15%多效唑粉剂拌 1 kg 麦种或 100～150 mg/L 多效唑溶液浸种为宜，拌种时要注意拌匀，防止局部药量过大，影响麦苗生长。

3）秸秆还田。水稻要控制好最后的上水时间，收割前 7～10 天断水，为小麦播种创造良好的墒情条件，成熟后及时收获，防止过分"养老稻"。收稻时留茬高度 10 cm 以下，稻草切碎 5 cm 左右，并均匀撒铺。对秸秆全量还田的要先深旋（或深耕）灭茬再进行机条播，旋耕埋草深度应至少在 12 cm 以上（最好达到 15 cm），防止稻草富集于播种层。

4）施用基肥。弱筋小麦一般亩施纯氮（N）12～14 kg，基肥：平衡肥（主茎 3～4 叶期施用）：拔节肥（倒 3 叶施用）为 7：1：2。中筋小麦一般亩施纯氮（N）14～16 kg，大面积生产中，基肥：壮蘖肥（或平衡肥）：拔节肥为 5：1：4，高产田基肥：壮蘖肥（或平衡肥，主茎 3～4 叶期施用）：拔节肥（倒 3 叶施用）：孕穗肥（剑叶抽出一半施用）为 5：1：2：2。根据土壤基础地力水平，中筋、弱筋小麦氮磷钾配比为 1：（0.4～0.6）：（0.4～0.6），磷钾以基肥：拔节肥 5：5 为宜。一般基肥可用尿素（含 N 46%）5～10 kg、45%复合肥（N、P_2O_5、K_2O 含量均为 15%）15～25 kg。

6.4.2　播种

1）适宜播期。为保证麦苗在越冬始期形成适龄壮苗（主茎 5～6 叶、单株分蘖 2～3 个、次生根 3～5 条），播种至越冬始期需要 0℃以上积温 500～550℃·d，该区适宜播种期在 10 月下旬至 11 月上旬。

2）合理播量。该区适期播种的麦田，亩基本苗 12 万～16 万。迟于播种适期的适当增加播种量，每晚播一天增加 0.5 万基本苗，最多不超过预期穗数的 80%。

3）精细播种。对水稻收获较早、腾茬及时、墒情适宜（土壤含水量在田间持水量80%以下）、土壤适耕状态好的麦田可采用2BG-6A 型等少（免）耕条播机，一次作业完成浅旋、开槽、播种、覆土、镇压等工序。播种深度2～3 cm，行距25 cm，中速行驶，确保落籽均匀，来回两趟之间接头要吻合，避免重播或拉大行距，避免田中停机形成堆籽。田块两头先留空幅，便于机身转弯，最后补种两头空幅，对机器播不到的死角等处要人工补种或出苗后移密补稀。当土壤含水量达田间持水量 80%以上时，应采用新改进的带状条播机播种，防止排种口堵塞、出现缺苗断垄。

4）播后镇压。带镇压器的播种机要做到随播随压，不带镇压器的播种机播种后要用镇压器镇压，确保镇压质量。

5）机械开沟。播后适时机械开沟，每 2.5～3 m 开挖一条竖沟，沟宽 20 cm，沟深25～30 cm。距田两端横埂2～3 m 各挖一条横沟，较长的田块每隔 50 m 增开一条腰沟，沟宽 20 cm，沟深 35～40 cm。田头出水沟要求宽 25 cm，深 40～50 cm。要确保内外"三沟"相通，注意均匀抛撒沟泥，覆盖麦垄，减少露籽，防冻保苗。

6.4.3　冬前管理

1）早补苗肥。基本苗偏少、基肥施用不足的田块 2 叶期应及时补施苗肥。主茎总叶片数为 11 叶及以下的麦田，如基种肥及苗肥均不足，在主茎3～4 叶期施用壮蘖肥。在冬前及越冬期间施用泥、杂灰肥培土壅根，保暖防冻，培肥土壤。秸秆还田量大的麦田，如麦苗发黄严重，应尽快施用速效复合肥或氮肥转化苗情。

2）及时化除。应根据草相、草龄、墒情等适期使用药剂，重点抓好冬前化学除草。越冬前日均温 5℃以上抢晴天用药，确保用药后 7 天内不遇到 0℃以下霜冻低温，以提高化除效果，避免产生药害。对于麦田单子叶杂草可选用骠马或麦极等防治，双子叶杂草选用使它隆等，单、双子叶杂草混生的麦田，可将相关药剂进行复配使用。

3）防湿抗旱。及时清沟理墒，疏通排灌水系，防止湿害。播后如墒情不适，应灌齐苗水，促进及时出苗，注意不可大水漫灌，防止烂芽、闷芽。若在越冬前发生干旱，及时灌好越冬水。冬灌要根据气候条件和土壤水分状况灵活掌握，在底墒不足或秋冬季干旱、耕作层土壤含水量低于田间持水量 60%时冬灌，注意瘦地弱苗早灌、肥地旺苗迟灌。冬灌一般在日均温 3～4℃时进行。灌水过早，气温高，地面蒸发量大，降低了冬灌蓄墒保温作用，同时易造成麦苗旺长，产生冻害；冬灌过晚，土壤冻结，难下渗，地面结冰，易死苗。冬灌宜采用沟灌窨水等方法，做到田间不积水，以免土壤板结，切忌大水漫灌，冲刷表土。

4）控旺转壮。对播种过早、群体过大、过旺麦田，可采取中耕或镇压，也可以喷施生长抑制剂，控旺转壮，保苗安全越冬。

6.4.4　中后期管理

1. 因苗追施拔节孕穗肥

根据降水情况，要因苗加强管理，追施拔节孕穗肥，促进苗情转化。总体原则是弱苗、群体偏小、苗黄的田块早施、多施；反之，迟施、少施。对前期未追返青、拔节肥，叶色正常或偏淡的田块一般可追施尿素 112.5~150.0 kg/hm²。对叶色偏浓、生长旺盛的田块，小麦孕穗期可酌情追施尿素 45~75 kg/hm²。

2. 疏通"三沟"，降渍除湿

稻茬麦田防御渍害、湿害尤为重要。对未开好排水沟的麦田，要抓住晴天及时开好麦田"三沟"（墒沟、腰沟、地头沟）；已经配套"三沟"的需加深地头沟，开通田外沟渠，做到涝能排、渍能降，迅速降低地下水位，保证排水畅通，力争雨止田干、沟无积水，确保小麦健壮生长。

3. 预测预报，防病治虫

稻茬麦区要根据预测预报和田间病虫情，重点做好赤霉病、纹枯病、蚜虫等的防治工作，同时要加强锈病和白粉病防控。

赤霉病防治。赤霉病是稻茬麦区常发病害，要主动用药预防，贯彻"1 次防治不动摇，2 次防治看需要"的原则，遏制病害流行。一般于小麦扬花初期主动喷药预防，做到扬花一块防治一块；对高感品种，首次施药时间提前至破口抽穗期。药剂品种可选用氰烯菌酯、烯肟·多菌灵、戊唑醇、咪鲜胺、多菌灵等，兑药时要用足药量、水量，混匀后喷雾。施药后 3~6 h 内遇雨，雨后应及时补喷。对多菌灵产生高水平抗性地区，应停止使用多菌灵等苯丙咪唑类药剂，以保证防治效果；如遇病害流行，第 1 次防治结束后，需隔 5~7 天防治第 2 次，确保控制流行危害。

纹枯病防治。小麦返青至拔节初期是防治纹枯病的关键时期，沿淮稻茬麦区，当病株率达 10%左右时，可选用三唑酮、烯唑醇、氟环唑、井冈霉素、井冈·蜡芽菌等药剂在上午有露水时进行施药，适当增加用水量，使药液能流到麦株基部。重病区首次喷雾后可隔 7~10 天再次进行防治。

蚜虫防治。一般当田间蚜虫百株虫量达到 500 头以上时，益害比 1：150 时，可用吡虫啉、抗蚜威、阿维菌素等药剂兑水进行喷雾防治。

条锈病、白粉病防治。沿江、江淮稻茬麦区小麦孕穗期若遇低温易发生条锈病；田间群体大、氮肥施用量高的田块易发生白粉病。当田间条锈病平均病叶率达到 0.5%~1.0%时开展防治，防治药剂可选用三唑酮、烯唑醇、戊唑醇、氟环唑、己唑醇、腈菌唑、丙环唑等。对于田间白粉病病叶率达 5%~10%的田块，选三唑酮、烯唑醇、腈菌唑、丙环唑等药剂进行 1~2 次喷药防治。

小麦抽穗灌浆期，对病虫害混合发生的田块，及时开展"一喷三防"，即综合配用杀虫剂、杀菌剂和磷酸二氢钾等各计各量进行混合喷洒。"一喷三防"是一次性防治病虫害、防预干热风、防倒伏、增大麦穗、增加粒重的有效措施。

4. 防灾减灾

防春霜冻。若土壤墒情良好，发生倒春寒的概率相对较低。若在 3 月底至 4 月初遇到春霜冻或倒春寒，在寒流过后要及时检查苗情，对有叶片严重干枯，心叶、幼穗如水浸状等冻害现象的地块追施尿素 45～75 kg/hm², 促进受冻小麦尽快恢复生长, 最大限度降低冻害损失。

防倒伏。小麦群体偏大, 存在倒伏风险。小麦灌浆期前发生的早期倒伏, 由于穗头轻, 一般能不同程度地恢复直立。灌浆后期发生的晚期倒伏, 由于穗头重, 不易恢复直立, 往往只有穗和穗下节可以抬起头来。一般轻度倒伏对产量影响不显著; 重度倒伏因叶片重叠, 降低光合积累, 常伴有病害的发生, 如不能及时控制病害蔓延, 则会导致严重减产。若出现倒伏, 可用磷酸二氢钾 2.25～3.00 kg/hm² 兑水 750 kg/hm² 或 16%草木灰浸提液 750～900 kg/hm² 喷洒, 以促进小麦生长和灌浆, 同时加强病害的防治。

防早衰。小麦生育后期, 气温高, 土壤蒸发及植株蒸腾量很大, 此时若出现干旱、缺肥、渍水、病虫害等情形易导致小麦发生早衰, 严重导致死亡、减产。可于小麦灌浆后期用 1.0%～1.5%尿素溶液和 0.3%～0.4%磷酸二氢钾溶液或专用叶面肥喷施, 预防后期脱肥、早衰。

防穗发芽。小麦蜡熟末期至完熟初期, 是最佳的收获时期。要抓住晴好天气, 及时收割, 防止烂场雨, 做到颗粒归仓。

5. 适时机收、秸秆还田

小麦蜡熟末期至完熟期, 选用加装碎草与匀铺装置的机械进行机械收获籽粒、秸秆粉碎还田。

参 考 文 献

白月明, 王春乙, 温民. 1996. 不同 CO_2 浓度处理对冬小麦的影响. 气象, 22(2): 7-11.

董登峰, 骆炳山, 陈大清. 1999. 涝渍逆境下化学调节对孕穗期小麦生理特征和产量性状的影响. 基因组学与应用生物学, 18(4): 258-260.

杜建, 邢宏宜, 贾涛, 等. 2004. 小麦应用高脂膜防病抗干热风增产的效果研究. 中国生态农业学报, 12(2): 148.

李新平. 2015. 倒春寒发生时期和次数对冬小麦产量性状的影响. 麦类作物学报, 35(5): 687-692.

李友军, 郭秀璞, 史国安, 等. 1999. 小麦抗旱鉴定指标的筛选研究. 沈阳农业大学学报, (6): 586-590.

马洁华, 刘园, 杨晓光, 等. 2010. 全球气候变化背景下华北平原气候资源变化趋势. 生态学报, 30(14): 3818-3827.

孟兆江, 段爱旺, 王景雷, 等. 2014. 调亏灌溉对冬小麦不同生育阶段水分蒸散的影响. 水土保持学报, 28(1): 198-202.

潘春英. 2015. 小麦晚霜冻害形成原因及防御对策与补救措施. 农业科技通讯, 3: 180, 244.

钱锦霞, 郭建平. 2012. 黄淮海地区冬小麦干热风发生趋势探讨. 麦类作物学报, 32(5): 996-1000.

孙芳, 杨修, 林而达, 等. 2005. 中国小麦对气候变化的敏感性和脆弱性研究. 中国农业科学, 38(4): 692-696.

王永华, 李金才, 魏凤珍, 等. 2006. 小麦冻害类型、诊断特征及其预防对策与补救措施. 中国农学通报, 22(4): 345-348.

杨永辉, 吴普特, 武继承, 等. 2010. 保水剂对冬小麦不同生育阶段土壤水分及利用的影响. 农业工程学报, 26(12): 19-26.

第7章 黄淮海适应气候变化技术研究和示范效果分析

7.1 试验基地、示范点和适应技术的选择

7.1.1 试验基地和示范点概况

主要选择安阳市、郑州市、信阳市、鹤壁市淇县、商丘市、周口市和驻马店市西平县作为黄淮海适应气候变化技术的试验基地和示范点。

1. 试验基地和示范点的选择

安阳位于河南省的最北部，试验基地安排在安阳市最北边与河北省邯郸市交界处，是安阳市农业科学院的直属农场。信阳位于河南省最南部，与湖北接壤，在信阳的试验基地位于信阳市罗山县农业科学研究所试验基地。郑州位于安阳和信阳之间的位置，试验基地位于河南农业大学科教园区。安阳、郑州和信阳3个地区在纬度上存在较大的差异，气候特点上也存在较大差异，可以分别代表海河平原南部、黄淮平原和沿淮平原3个生态区。因此选择上述3个地区能够较好地开展黄淮海适应气候变化技术研究和示范。在上述不同地区针对不同适应气候变化技术的研究基础上，在河南鹤壁淇县北阳镇黄堆村试验示范基地进行技术集成研究与示范，构建黄淮海地区适应气候变化的冬小麦种植集成技术体系，鹤壁市淇县位于河南省北部，是我国小麦生产的主产区之一，可以进行较大面积的示范与应用推广。河南东南部商丘、周口和驻马店等地区春季晚霜冻频繁发生，因此选作冻害发生的调查地点。

2. 试验基地和示范点气候特点与小麦生产概况

（1）安阳

安阳市位于河南省的最北部，西依太行山，东接华北平原。位于113°37′～114°58′E、35°12′～36°22′N，面积7413 km²。安阳市除滑县东部为黄河流域外，其余大部分均属海河流域的漳卫南运河水系。属暖温带大陆性季风气候，地处半湿润地区。四季分明，日照充足，雨量集中。主要特点是冬季寒冷干燥，夏季湿润炎热，春季风沙较大，春秋季为过渡季节，温度变化幅度较大。安阳年降水量为556.8 mm，夏季降水量362.6 mm；年平均气温14.1℃，年平均无霜期212天，夏季极端最高温度43.2℃，冬季极端最低温度-21.7℃；年平均日照时数2228.8 h。

安阳市是一个农业大市，被誉为"豫北粮仓"。小麦播种面积达到19.5万 hm²，产量达到6520.5 kg/hm²。安阳是国家确定的全国优质小麦生产基地市。全市小麦种植品种主要以高产优质半冬性为主，以矮抗58、周麦16、周麦22等主导品种为主。

（2）郑州

郑州市位于 112°42'～114°14'E 和 34°16'～34°58'N，面积为 7446.2 km²。郑州地处豫西山区向黄淮平原过渡地带，地势西高东低，境内山区、丘陵、平原各占 1/3。属暖温带大陆性季风气候，四季分明，气候温和，雨热同季。春旱多风、夏炎多雨、秋凉晴爽、冬寒干燥，全年平均气温为 14.2～14.6℃，无霜期 206～234 d/a，常年降水量为 599.6～707mm，日照时数为 2400 h。

据统计，2014 年郑州市全年粮食作物种植面积 35.65 万 hm²，其中小麦种植面积 17.63 万 hm²，占粮食种植总面积的一半左右。小麦播种期集中于 10 月中旬，收获期在 5 月下旬到 6 月上旬。小麦种植品种为郑麦 9023、周麦 22、矮抗 58 等品种。2014 年粮食总产量 16.2 亿 kg，其中小麦产量占粮食总产的一半。

（3）信阳

信阳市位于河南省最南部，地处 113°45'～115°55'E 和 30°23'～32°27'N，在我国南北地理分界线上，属于亚热带向暖温带过渡区，典型的季风气候。信阳日照充足，年均 1900～2100 h；年平均气温 15.1～15.3℃，无霜期长，平均 220～230 d/a；降水丰沛，年均降水量 900～1400 mm，空气湿润，相对湿度年均 77%。信阳四季分明，各具特色。春季天气多变，阴雨连绵，季降水日数多于夏季，降水量达 250～380 mm，占全年降水量的 26%～30%；夏季高温高湿气候明显，光照充足，降水量多，暴雨常现，降水量 400～600 mm，占全年的 42%～46%；秋季凉爽，天气多晴，降水顿减，季均降水量 170～270 mm，占全年的 18%～20%；冬季气候干冷，降水量少，为 80～110 mm，占全年的 10%。冬季在四季中历时最长（130 天左右），但寒冷期短，日平均气温低于 0℃的日数年平均 30 天左右。

2014 年，信阳小麦的播种面积 28.3 万 hm²，小麦总产量 13.2 亿 kg，产量达到 4656 kg/hm²。信阳小麦种植的土壤多为水稻土，水稻土是指发育于各种自然土壤之上，经过人为水耕熟化、淹水种稻而形成的耕作土壤。这种土壤由于长期处于水淹的缺氧状态，土壤中的氧化铁被还原成易溶于水的氧化亚铁，并随水在土壤中移动，当土壤排水后或受稻根的影响（水稻有通气组织为根部提供氧气），氧化亚铁又被氧化成氧化铁沉淀，形成锈斑、锈线，土壤下层较为黏重。因此这种土壤通气性较差，不太适宜小麦的生长。

（4）鹤壁市淇县

鹤壁市位于河南省北部，太行山东麓向华北平原过渡地带。地处 113°59'～114°45'E 和 35°26'～36°02'N。在太行山东麓和华北平原的过渡地带，属暖温带半湿润型季风气候，四季分明，光照充足，温差较大。年平均气温 14.2～15.5℃，年降水量 349.2～970.1 mm，年日照时数 1787.2～2566.7 h。淇县隶属于鹤壁市，年平均降水量（包括雨、雪、雹）605.2 mm。该县地处太行山脉和连绵的浚县火龙岗之间，形成一南北走向的狭长风道，是全省大风较多的县之一。

淇县种植的小麦品种主要选用百农矮抗 58、周麦 16、周麦 22、郑麦 7698 等抗逆性较强的高产品种，播种面积占麦播面积的 90% 以上。据农产量抽样调查预产统计，2015 年全县播种面积 2.07 万 hm² 左右。小麦生产中存在的主要问题有耕层过浅、播量偏多、播期不适宜以及施肥不科学等问题。播种期容易受干旱或持续阴雨天气等影响，容易遭遇春季倒春寒。小麦生长的关键时期如灌浆期等容易受到蚜虫、吸浆虫等虫害危害，生长中后期易发白粉病、锈病、赤霉病等病害。

（5）商丘

商丘市位于河南省东南部，属暖温带半温润大陆性季风气候，春暖、夏热、秋凉、冬寒，四季分明，年平均气温 14.4℃，年极端最高气温 40.3℃，年极端最低气温-15.4℃，年平均降水量 700.7 mm，年平均日照时数 1941.4 h，年平均无霜期 280 天。近年来，商丘市小麦播种面积基本稳定在 60 万 hm^2 以上，总产量约占全省的 1/8。

（6）周口

周口市位于河南省东南部。年平均气温在 14.5～15.8℃，极端最高气温达 43.2℃（1966 年 7 月 19 日周口镇），极端最低气温为-21℃（1955 年 1 月淮阳县），一般年份最低气温不低于-11℃；年降水量 689～816 mm，丰水年份可达 1000 mm，夏季降水集中，平均降水量 371.9 mm，占全年降水量的 50.2%，且时空分布不均，多暴雨、大雨，雨量从周口东南至西北呈递减趋势，冬季降雪较稀少，降雪深度平均为 12 cm；年平均日照时数 2025～2269 h；年平均无霜期 219 天。周口市小麦种植面积约 73.3 万 hm^2，是我国的小麦主产区之一，气候资源丰富，雨热同季，适合小麦生长。

（7）驻马店

驻马店市位于河南省南部。年平均气温为 15.0℃；年平均最高气温为 20℃；年平均最低气温为 10℃。历史最高气温为 42℃，出现在 1966 年；历史最低气温为-18℃，出现在 1993 年。年平均降水量为 971 mm。极端最低气温普遍出现过低于-15℃的低温。1955 年 1 月 6 日，汝南县记录到-20.7℃低温。7 月最热，月平均气温 27.2～27.6℃，极端最高气温均出现过 40℃以上。1966 年 7 月 19 日，上蔡县极端最高气温达 43.7℃。全市大于 0℃积温 5300～5500℃，日平均气温稳定通过 10℃持续 220～226 天，积温 4700～4800℃·d，无霜期 220～230 d/a。雨量充沛，光照充足，适宜多种作物生长，是国家和省重要的粮油生产基地，素有"天下粮仓"之称，是我国的小麦主产区之一。

3. 试验基地和示范点主要的气象问题

郑州是气象灾害多发地区，干旱、暴雨（雪）、大风、冰雹、雷电等气象灾害及其次生灾害占自然灾害总数的 70%以上，给社会经济发展和人民生活造成较大影响。例如，2002 年 7 月 19 日和 2007 年 8 月 2 日郑州出现的雷暴、大风、冰雹、暴雨等强对流天气，2005 年 5 号台风"海棠"影响下的暴雨-大暴雨天气，2009 年 11 月 11～12 日的暴雪天气，2009 年冬春连旱，特别是 2010 年 9 月 26 日至 2011 年 2 月 8 日的冬春连旱，全市连续 136 天无有效降水，累计降水量仅为 3.0～11.3 mm，较常年偏少 9 成以上，小麦旱情严重。郑州市常年农作物病虫害发生面积 100 hm^2，其中小麦病虫害中度发生，特殊年份如 2012 年中度偏重发生，常发生的病虫害有麦蚜、麦蜘蛛、小麦纹枯病、小麦白粉病、地下害虫、小麦胞囊线虫病、麦叶蜂、潜叶蝇、小麦根腐病，零星发生的有小麦黄矮病、小麦叶枯病、黏虫等，特殊年份如 2012 年小麦赤霉病中度偏重发生，2015 年小麦条锈病局部有发生。

安阳在小麦生产期易受自然灾害影响，如播种期遭受干旱或持续阴雨天气，冬前遇到小麦旺长和低温寒流气候，遭遇春季倒春寒，扬花灌浆期干热风等不利情况时有发生，严重影响小麦生产，导致小麦产量减少，生产成本增加。同时易受病虫害侵袭，冬季由于气温较低，少受病虫害影响，但是在小麦生长的关键时期如灌浆期等容易受到蚜虫、吸浆虫等虫害侵袭，病害方面易受小麦白粉病、锈病、赤霉病等的影响。

信阳春夏季节多雨，天气多为阴天或者多云，不利于小麦的灌浆，在小麦生长进入到5 月时，信阳多发生干热风现象，导致小麦灌浆结束，提前成熟。同时也易受病虫害影响。

鹤壁市淇县属温带大陆性季风气候。淇县农作物病虫害除特殊年份外发生不重，常年农作物病虫害中度发生，其中小麦病虫害中度发生，特殊年份如 2015 年中度偏重发生，常发生的病虫害有麦蚜、小麦白粉病、小麦叶锈病。干旱也是淇县频发的气象灾害，但由于地下水资源比较丰富，灌溉条件好，因此干旱对淇县作物产量影响不大。

河南省东南部的周口、商丘和驻马店等地区冻害发生次数较多。例如，2013 年4 月 7 日、10 日商丘市有两次冷空气过程，4 月 19～20 日气温大幅下降，部分乡镇最低气温低于 0℃，3 次冷空气过程对处于孕穗至抽穗期小麦的穗部发育十分不利，全市出现不同程度的晚霜冻害。据统计，周口市 2004～2007 年连续 3 年发生不同程度冻害，累计冻害面积 14.9 万 hm^2，严重冻害面积 7.2 万 hm^2，近 4000 hm^2 绝收，累计损失小麦 2.4 亿 kg。2013 年春季周口地区先后出现了 3 次较为明显的霜冻天气及最低气温降至 3℃以下的倒春寒：第 1 次是 3 月 19～22 日，最低气温为 2～3℃，降温幅度 20℃以上，对幼穗分化敏感期品种，造成主茎及大分蘖幼穗生长点死亡而不抽穗；第 2 次是 4 月 10～12 日，最低气温为 2～3℃，时值小麦幼穗发育到四分体形成期，此阶段小麦幼穗抗冻能力弱，造成部分麦田出现整个穗子或部分小穗冻死，只剩下穗轴，出现白穗或半穗现象。第 3 次是 4 月 19～22 日，极端最低气温0.9℃，5℃以下低温持续 12 h 以上，此时正值小麦花粉粒形成期，造成小麦小穗或小花不实，上部或下部麦穗结实严重下降，出现了部分品种缺粒、缺位甚至穗顶或基部不育现象。

7.1.2　典型适应技术

1. 安阳

（1）不同感温性品种区域适应性技术

选用不同感温性品种，分别在 10 月 7 日、10 月 14 日、10 月 21 日、10 月 28 日、11 月 4 日和 11 月 11 日共 6 个播期播种。记录小麦各生育时期时间，成熟期测定籽粒产量及产量构成。

（2）抗虫品种筛选

小麦抗蚜虫品种筛选：对生产上大面积推广的不同小麦品种，在散粉至灌浆期，逐株统计蚜虫量。

2. 郑州

（1）不同感温性品种区域适应性技术

选用不同感温性品种，分别在 10 月 7 日、10 月 14 日、10 月 21 日、10 月 28 日、11 月 4 日和 11 月 11 日共 6 个播期播种。记录小麦各生育时期时间，成熟期测定籽粒产量及产量构成。

（2）抗病虫害品种筛选

A. 小麦抗全蚀病品种筛选：在营养体中装入混合沙土，将小麦全蚀病菌平铺于沙土层。将消毒的小麦品种播入体中，以带菌土盖，置于 16～18℃温室中进行培养。1 个月后调查发病情况。病害分级标准为 0=健康；1=黑根面积占总根面积<10%；2=黑根面积占总根面积 10%～25%；3=黑根面积占总根面积 25%～50%；4=黑根面积占总根面积 50%～100%；5=所有麦苗的根部变黑并且扩展到茎基部；6=病斑扩展到茎部；7=植物褪绿并停止生长；8=植株死亡。

B. 小麦抗蚜虫品种筛选：在大田种植生产上大面积推广的不同品种小麦，在散粉至灌浆期逐株统计蚜虫量。

（3）抗冻

A. 黄淮海冬小麦适应春季冻害的冻前预防技术：采用冬春性差异小麦品种，共设对照和 4 个冻害预防处理：底施有机肥处理（播种前底肥增施有机肥）、冻前喷施氯化胆碱处理（越冬期喷施 50 mg/L 氯化胆碱）、冻前喷施氯化钙处理（越冬期喷施 300 mmol/L 氯化胆碱）、镇压处理（越冬期镇压）。

B. 黄淮海冬小麦适应春季冻害的冻后补救技术：采用盆栽，并埋于河南农业大学科教园区中，管理参照大田。在返青期进行低温处理。设置冻后不采取措施及冻后灌水、冻后灌水并同时补氮肥两种措施，研究这些技术对冻害补救的效果。

C. 黄淮海冬小麦适应冬季低温冻害的预防与补救技术：采用大田试验。以播种后镇压和冬前灌溉作为预防技术，发生冻害后进行浇水和施肥处理作为冻后补救措施。研究这些技术对冻害补救的效果。

（4）抗干热风小麦品种的筛选

采用盆栽方式，对河南省主推小麦品种对花后不同时段高温（花后 10 天和 20 天 38℃高温处理 2 天）的耐高温性进行筛选，以粒重和产量的降幅为指标，采用欧式最短距离聚类方法分析其耐高温性。

（5）喷施化学调控剂

A. 喷施 α-酮戊二酸：喷水作为对照。在挑旗期喷施 α-酮戊二酸，设 5 个施用浓度：CK（CK1 为正常对照，CK2 为干旱对照）、0 mmol/L（只喷施清水）、2.5 mmol/L、5 mmol/L、7.5 mmol/L。喷施溶液中加入吐温-20（0.05%）以增加其与植株的接触面积，喷施标准是喷施均匀，不下滴。每次连续喷 2 天。喷清水对照处理按照同样量和表面活化剂浓度。

B. 喷施锌肥：不施锌肥（Zn0）、10 kg/hm² 锌肥（Zn1）、30 kg/hm² 锌肥（Zn2）、50 kg/hm² 锌肥（Zn3），方法是在拔节期用 $ZnSO_4.7H_2O$ 配成 0.4%溶液叶面喷施，隔 2

天喷施 1 次，共 2 次；灌浆期用 $ZnSO_4.7H_2O$ 配成 0.2%溶液，叶面喷施 1~2 次。

（6）节水抗旱技术

节水灌溉：分别采用大水漫灌及喷灌减少 45%、30%和 15%灌水量的灌溉方式，研究不同灌溉方式和灌水量对小麦产量及构成因素的影响。获得合适的灌溉方式，发展节水抗旱技术。

抗旱品种筛选：在小麦全生育期分别设置浇灌越冬水（W1）、越冬水+拔节水（W2）、越冬水+拔节水+灌浆水（W3）3 个水分处理。研究不同灌水次数对小麦产量及构成因素的影响，筛选节水抗旱小麦品种。

3. 信阳

（1）不同感温性品种区域适应性技术

选用不同感温性品种，分别在 10 月 7 日、10 月 14 日、10 月 21 日、10 月 28 日、11 月 4 日和 11 月 11 日共 6 个播期播种。记录小麦各生育时期时间，成熟期测定籽粒产量及产量构成。

（2）抗虫品种筛选

小麦抗蚜虫品种筛选：在大田种植生产上大面积推广的不同品种小麦，在散粉至灌浆期逐株统计蚜虫量。

4. 鹤壁市淇县

种植方式调整技术：选用 2 个不同的小麦主推品种，分别设：A. 品种 1 单作；B. 品种 2 单作；C. 品种 1 与品种 2 间作，按每 3 行间作；D. 品种 1 与品种 2 混作，按种子量 1∶1 混播。其他管理同当地习惯。

5. 驻马店市西平县

大田冻害预防和冻后补救技术：冻前预防组播种后采用牛牵引石磙碾压（半径 15 cm、高 100 cm，质量为 75 kg）镇压土壤，冬前灌溉 900 m^3/ hm^2 等方式。补救处理组在小麦出现冻害枯黄后人工撒施 150 kg/hm^2 尿素（含 N 46%）并进行补灌 900 m^3/hm^2。

7.2　抗逆品种筛选适应技术试验、示范及效果分析

7.2.1　抗旱

1. 实施情况

试验在河南农业大学科教园区进行。试验地土质为壤土，前茬作物为玉米，收获后秸秆直接还田。土壤 0~20 cm 有机质含量为 11.3 g/kg、全氮为 0.81 g/kg、速效氮为 93.74 mg/kg、速效磷为 57.62 mg/kg、速效钾为 84.58 mg/kg，田间持水量 23.4%，整个生育期内有效降水量 113 mm。

供试品种为周麦 18、豫农 202、豫麦 49、郑麦 366、矮抗 58。设置 3 个灌水处理：越冬水（W1）、越冬水+拔节水（W2）、越冬水+拔节水+灌浆水（W3），每次灌水 60 mm。

10 月 17 日播种，播种前造墒并深翻 30 cm，施尿素 150 kg/hm²、磷酸二铵 150 kg/hm²、氯化钾 150 kg/hm²，深耕细耙。小麦拔节期追施尿素 150 kg/hm²。田间除草和植保措施等按高产管理要求进行。

2. 效果分析

（1）不同灌水次数下不同冬小麦品种净光合速率（Pn）的变化

3 个灌水处理的净光合速率表现为 W3＞W2＞W1，差异显著；W1 处理中周麦 18、豫农 202 和豫麦 49 的净光合速率在整个灌浆期间呈逐渐降低的趋势，W3、W2 处理中各小麦品种和 W1 处理中郑麦 366 和矮抗 58 净光合速率均呈先增后降的趋势，并于花后 7 天达到最大值（图 7-1）。在 W3 处理中，整个灌浆期间不同小麦品种净光合速率表现为周麦 18＞矮抗 58＞豫麦 49＞郑麦 366＞豫农 202，其中周麦 18 在灌浆前中期均保持最大值；在 W2 处理中，整个灌浆期间不同小麦品种净光合速率表现为矮抗 58＞周麦 18＞郑麦 366＞豫麦 49＞豫农 202；在 W1 处理中，整个灌浆期间不同小麦品种净光合速率表现为矮抗 58＞郑麦 366＞豫麦 49＞周麦 18＞豫农 202（图 7-1）。

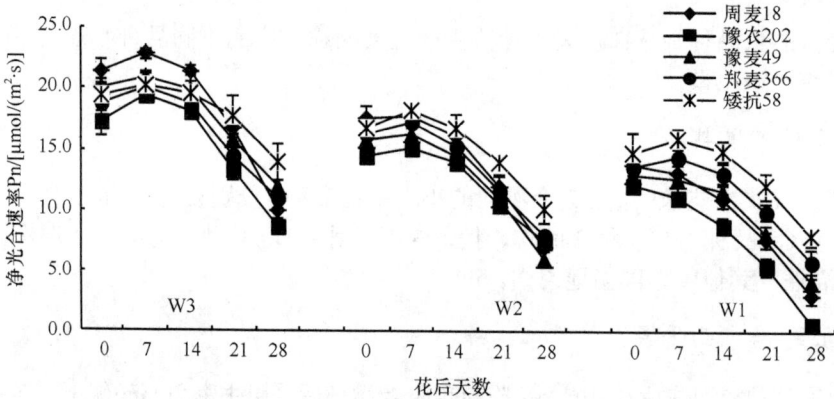

图 7-1　灌水对不同基因型冬小麦旗叶净光合速率的影响

（2）不同灌水次数下不同冬小麦品种产量的变化

不同灌水条件下不同冬小麦品种产量及三要素的表现列于表 7-1。穗数、穗粒数及千粒重均随着灌水次数的减少而减少，W3 和 W2 在小麦越冬及返青均进行了灌水，这将有利于分蘖的产生，而 W3 在孕穗期还有 1 次灌浆水，促进了小麦分蘖的成穗率，W1 仅在越冬期有 1 次灌水，这使得小麦分蘖形成数量较少且成穗率较低。穗粒数的多少从小麦的穗分化时期就开始决定了，在后期也有很多因素对其起作用，越冬水、返青水及灌浆水均对穗粒数的形成起重要作用，表现为无论少浇哪一次水，穗粒数都会受到不同程度的影响。单位面积穗数表现为 W3 下矮抗 58 最多，豫麦 202 最少，W2 条件下豫麦 49 和矮抗 58 明显大于豫麦 202，W1 条件下矮抗 58 最多，豫麦 202 最少，穗数随灌水次数减少而减少，其中在 W2 条件下豫麦 49 下降幅度最大，达到 3.0%，在 W1 条件下豫麦 202 下降幅度最大，达到 7.2%。穗粒数变化规律和穗数相似，随灌水次数减少而减少，但变化幅度不大。千粒重各品种间变化趋势一致，呈下降趋势，周麦 18

变化较大，在 W2 和 W1 条件下分别下降 6.7%和 12.7%。产量三因素的变化最终决定了产量的高低，随着灌水次数的减少，产量下降，在 W3 的条件下，不同小麦品种的产量表现为周麦 18＞豫麦 49＞郑麦 366＞矮抗 58＞豫农 202；在 W2 的条件下，不同小麦品种的产量表现为周麦 18＞矮抗 58＞郑麦 366＞豫麦 49＞豫农 202；在 W1 的条件下，不同小麦品种的产量表现为矮抗 58＞郑麦 366＞豫麦 49＞周麦 18＞豫农 202，同一品种处理间周麦 18 下降幅度最大，在 W2 和 W1 条件下分别下降 14.7%和 37.4%。

表 7-1　灌水对不同冬小麦品种产量及构成因素的影响

品种	水分处理	穗数/（$10^4/hm^2$）	穗粒数（n）	千粒重/g	产量/（kg/hm^2）
	W3	595.5	37.3	48.9	8821.5
周麦 18	W2	583.5	35.1	45.6	7525.5
	W1	562.5	33.3	42.7	5518.5
	W3	520.5	40.1	41.4	6988.5
豫麦 202	W2	511.5	38.7	40.0	6201.0
	W1	483.0	35.9	39.7	4947.0
	W3	658.5	32.7	39.7	8305.5
豫麦 49	W2	639.0	31.2	39.1	7309.5
	W1	619.5	30.1	38.5	5682.0
	W3	592.5	3.78	35.5	8211.0
郑麦 366	W2	589.5	37.1	35.0	7435.5
	W1	585.0	30.7	34.6	5908.5
	W3	666.0	38.5	44.2	8209.5
矮抗 58	W2	661.5	37.8	42.9	7455.0
	W1	631.5	36.8	42.0	5995.5

综上，在本试验条件下，矮抗 58、郑麦 366 表现出了较强的节水抗旱性。

7.2.2　抗病虫

1. 实施情况

（1）小麦抗病品种筛选实施情况

供试小麦品种（系）108 个，其中 18 个推广品种为河南省农业科学院植物保护研究所小麦病害课题组收集保存，另外 90 个河南省区试品种（系）由河南省农业科学院小麦研究中心提供。供试菌株是从不同地理来源的小麦全蚀病菌中选取具有代表性且致病力较强的优势菌株 GaNS-90，从河南省南阳市田间的小麦全蚀病病株上分离并进行单子囊孢子纯化，PDA 试管保存于 4℃的冰箱，并通过形态学和分子鉴定后确认是 *Gaeumannomyces graminis* var. *tritici*。接种 26 天后调查病情和有关指标。病害调查与统计参照

Ownley 等（1992）的方法进行。以根皮层或中柱变褐或变黑为病根。接种 4 个星期后将麦苗拔出，冲洗掉蛭石，记录病害等级，测量株高、根干重和茎叶干重等补充抗性指标。病害分级标准为 0=健康；1=黑根面积占总根面积＜10%；2=黑根面积占总根面积 10%～25%；3=黑根面积占总根面积 25%～50%；4=黑根面积占总根面积 50%～100%；5=所有麦苗的根部变黑并且扩展到茎基部；6=病斑扩展到茎部；7=植物褪绿并停止生长；8=植株死亡。病情指数=100×（∑病级×该级茎数）/（最高级×总茎数）。病情指数 0 为免疫；≤20%为高抗；20.01%～40.0 %为抗；40.01%～50.0%为中抗；50.01%～60.0%为中感；60.01%～80.0%为感；80.01%～100.0%为高感。

（2）小麦抗虫品种筛选实施情况

以郑麦 9023（A1）、04 中 36（A2）、西农 979（A3）、豫农 211（A4）、周麦 22（A5）、矮抗 58（A6）为材料（其中，郑麦 9023、04 中 36 属于弱春性小麦品种，西农 979、豫农 211、周麦 22、矮抗 58 属于半冬性品种），分别在安阳、郑州、信阳布置试验。蚜虫调查依照 G B/T 15799 棉蚜测报调查规范为准。小麦蚜虫发生程度分为 5 级，主要以当地小麦蚜虫发生盛期平均百株蚜量（以麦长管蚜为优势种群）来确定，各级指标见表 7-2。

表 7-2 小麦蚜虫发生程度分级指标

级别	1	2	3	4	5
百株蚜量/头	≤500	500～1500	1500～2500	2500～3500	>3500

2. 效果分析

（1）小麦抗病品种筛选实施效果分析

接菌后 28 天的调查结果表明，供试 108 个小麦品种（系）整体抗性较差，但品种间抗性存在明显的差异。按照以上病情指数评价标准，无免疫和高抗品种，达到中抗水平的只有新农 19 一个品种，占供试品种（系）的 0.9%；表现感病的品种有郑麦 3596、鉴氏 2010-06 和郑麦 9023 等 82 个，占供试品种（系）的 75.9%；表现高感的品种有豫农 211、众麦 2 号和豫麦 49 等 25 个，占供试品种（系）的 23.2%。

由于小麦发病后，植株生长受到影响，株高变低，根系变短，根重和茎重变轻，所以对麦苗株高、根干重和茎叶干重进行测量，并把这些参数与病情指数进行了相关性分析。结果株高与病情指数呈实负相关（$r=-0.4871$），根干重与病情指数也呈实负相关（$r=-0.3013$），茎叶干重与病情指数呈显著负相关（$r=-0.5621$）。试验结果表明株高、根干重、茎叶干重 3 个指标均与病情有相关性，其中茎叶干重与全蚀病病情指数相关系数最高，可以作为评价小麦全蚀病抗性的指标之一。

（2）小麦抗虫品种筛选实施效果分析

信阳虫害调查结果如图 7-2 所示，以周麦 22 和矮抗 58 最为严重，虫害等级达到 2级，郑麦 9023、04 中 36 和西农 979 属于较为轻微的虫害，为 1 级虫害。

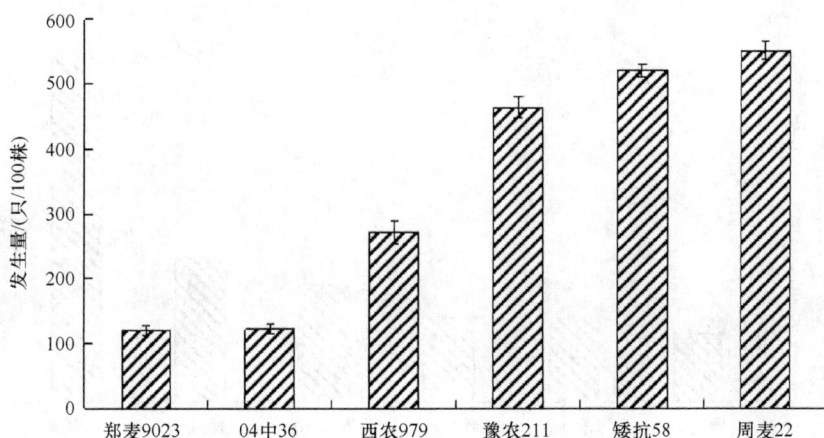

图 7-2　信阳地区不同品种蚜虫发生情况

郑州虫害调查结果如图 7-3 所示，矮抗 58 表现为 3 级虫害，其抗虫性最差，郑麦 9023 为 2 级，其余 4 个品种均为 1 级，所受虫害影响较轻。

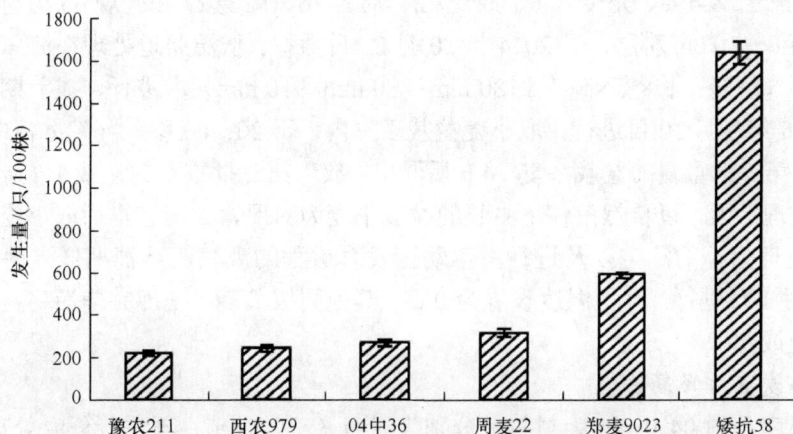

图 7-3　郑州地区不同品种蚜虫发生情况

安阳虫害调查结果如图 7-4 所示，以 04 中 36 最严重，属于 2 级虫害，其他 5 个品种处在一个水平上，属于 1 级虫害。

综上，在信阳地区，抗虫性较好的是西农 979、郑麦 9023 和 04 中 36，郑州地区表现较好的是西农 979、豫农 211、04 中 36 和周麦 22；安阳则是豫农 211、周麦 22 和郑麦 9023 表现较好。

7.2.3　抗冻

1. 实施情况

针对小麦春季低温冻害问题，对黄淮海当前主推品种进行了抗冻性鉴定，并初步研究了冻后恢复的水肥调控技术，主要包括以下 3 个试验。

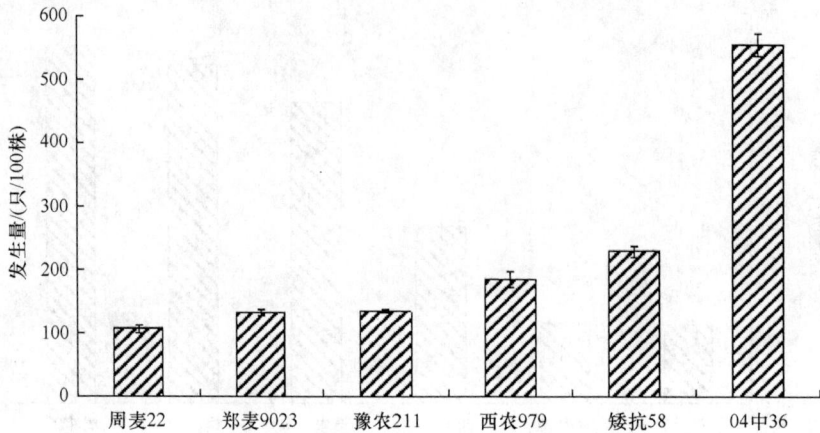

图 7-4　安阳地区不同品种蚜虫发生情况

（1）小麦抗低温胁迫品种筛选试验

采取盆栽方法，以小麦品种开麦 21、豫农 211、平安 8 号、郑麦 7698、矮抗 58、西农 979、豫麦 49-198、郑麦 366、周麦 22、周麦 26、周麦 27 和衡观 35 为材料。盆栽土取自大田 0～30 cm 耕层，于 2014 年 10 月 21 日播种。低温胁迫处理在海尔卧式冷藏冷冻转换柜（规格：长×宽×高为 2180 mm×880 mm×910 mm）内进行，拔节期低温胁迫处理于 2015 年 3 月 10 日进行，取小麦盆栽于室内，于 20：00 移入–6℃冰柜中，4 h 后取出，放入第二批重复的盆栽小麦，4 h 后取出，放入第三批重复的盆栽小麦于 4 h 后取出，连续处理 3 天，以自然条件下生长的盆栽小麦为对照，处理完毕后取小麦的功能叶进行各项生理指标的测定以及进行主茎幼穗发育进程的观察。孕穗期低温胁迫处理于 2015 年 4 月 1 日进行，冰柜温度设置为 0℃，其他同拔节期，处理完毕后将盆埋于田间自然生长至成熟。

（2）小麦冻后修复试验

选用小麦品种 04 中 36 为材料，分别为对照（正常种植，不进行低温处理）、低温处理（低温处理后不采取措施）、冻后修复一（冻后补灌）、冻后修复二（冻后补水补氮肥)共 4 个处理。低温处理方法同上。之后在对照和冻后修复一中灌水至土壤含水量 30%。在冻后修复二中灌水至土壤含水量 30%，并增施尿素 3 g/盆。所有处理置于自然环境中恢复生长。

（3）驻马店大田冻害预防和冻后补救技术

试验在驻马店市西平县进行，设置对照、预防、补救 3 个处理，每处理 3 次重复。对照组仿照低温灾害频发地区农户的栽培措施，施底肥（N：P：K=30：5：5）300 kg/hm²，旋耕，然后直接播种，至成熟不再施肥浇水。冻前预防组施底肥（N：P：K=30：5：5）300 kg/hm²，旋耕，播种后采用牛牵引石磙碾压（半径 15 cm、高 100 cm、质量为 75 kg）镇压土壤，于 2015 年 11 月 15 日采用漫灌形式补灌 900 m³/hm²，返青后至成熟不再施肥浇水。补救处理组，施底肥（N：P：K=30：5：5）300 kg/hm²，旋耕，然后直接播种，于 12 月 4 日小麦出现冻害枯黄后人工撒施 150 kg/hm² 尿素（含 N 46%）并补灌 900 m³/hm²。

2. 效果分析

(1) 小麦抗低温胁迫品种筛选试验实施效果分析

拔节期经过–6℃低温处理 3 天后，小麦叶片均出现卷曲和萎蔫，不同小麦品种受伤害的程度不同，其中，品种郑麦 366、矮抗 58、周麦 27 和豫农 211 发生程度较轻，只有叶尖受冻发黄（2 级）。品种周麦 22、周麦 26、豫麦 49-198 和西农 979 发生程度较重，植株叶片失绿，下垂披散，呈烫伤状，叶片一半枯死（3 级），平安 8 号、开麦 21 和衡观 35 叶片全部枯死（4 级），郑麦 7698 发生程度最为严重，植株死亡（5 级）。

孕穗期经过 0℃低温处理 3 天后，不同小麦品种出现的反应与拔节期基本相同，小麦叶片均出现卷曲和萎蔫，但不同小麦品种受伤害程度与拔节期不同。其中，矮抗 58 和豫农 211 发生程度较轻（2 级），郑麦 366、周麦 22、周麦 26、周麦 27、豫麦 49-198、开麦 21、衡观 35 和西农 979 发生程度较重（3 级），郑麦 7698 和平安 8 号发生程度最为严重，局部坏死，个别植株死亡（5 级）。

同时结合对表 7-3 小麦幼穗分化进程的观察发现，拔节期发生 2 级或 3 级寒害的品种主茎幼穗的分化进程处于小花分化时期，而处于 4 级或 5 级寒害的小麦品种的幼穗分化进程处于雌雄蕊时期甚至药隔初期，而孕穗期发生寒害较轻的品种的主茎幼穗分化进程处于药隔时期，而寒害较重的品种的幼穗分化进程处于四分体时期，由此可以看出，小麦主茎幼穗发育进程越慢，其幼穗抗寒性越强，随着分化时期的推进抗寒性逐渐减弱。

拔节期低温处理后，不同小麦品种的产量及产量三要素均表现出了降低的趋势（表 7-4）。其中，穗数、穗粒数、千粒重和产量降幅最大的品种分别为衡观 35、平安 8 号、西农 979 和西农 979，降幅分别为 47.75%、37.50%、43.53%和 72.78%，降幅

表 7-3　拔节期及孕穗期低温胁迫下不同小麦品种的寒害级别及主茎幼穗分化进程

品种名称	拔节期低温胁迫		孕穗期低温胁迫	
	寒害级别	幼穗分化进程	寒害级别	幼穗分化进程
郑麦 366	2	小花分化初期	3	药隔期
郑麦 7698	5	小凹分化期（药隔形成初期）	5	四分体末期
矮抗 58	2	小花分化初期	2	药隔期
周麦 22	3	小花分化末期	3	四分体初期
周麦 26	3	小花分化末期	3	四分体初期
周麦 27	2	小花分化初期	3	四分体初期
豫农 211	2	小花分化初期	2	药隔期
豫麦 49-198	3	小花分化末期	3	四分体初期
平安 8 号	4	雌雄蕊分化期	5	四分体末期
开麦 21	4	雌雄蕊分化期	3	四分体初期
衡冠 35	4	雌雄蕊分化期	3	四分体初期
西农 979	3	小花分化末期	3	四分体初期

最小的品种分别为郑麦366、矮抗58、豫麦49-198和矮抗58，降幅分别为0.41%、3.20%、16.55%和 28.45%；孕穗期低温处理后，穗数、穗粒数、千粒重和产量降幅最大的品种分别是豫麦49-198、平安8号、郑麦7698和平安8号，降幅分别为33.33%、52.19%、21.09%和69.28%，降幅最小的品种分别是衡观35、矮抗58、豫农211和矮抗58，降幅分别为10.53%、25.40%、6.61%和43.87%（表7-5）。同时，拔节期和孕穗期低温对穗数平均值降幅、穗粒数平均值降幅、千粒重平均值降幅和产量平均值降幅分别为21.93%和19.71%、21.12%和38.77%、27.20%和14.91%、55.76%和58.40%，差异分别达到不显著、极显著、极显著和不显著的水平（F值分别为0.23、14.65**、18.65**和0.21）。综合产量性状和其他生理指标的研究结果（数据未显示），矮抗58拔节期和孕穗期低温处理后，寒害级别较轻，并且产量降幅最低，具有较强的耐寒性。

表 7-4   拔节期低温处理对不同小麦品种产量及产量三要素的影响

品种	穗数			穗粒数			千粒重			产量		
	对照/(个/盆)	低温胁迫/(个/盆)	降幅/%	对照(n)	低温胁迫(n)	降幅/%	对照/g	低温胁迫/g	降幅/%	对照/(g/盆)	低温胁迫/(g/盆)	降幅/%
郑麦366	13.33	13.28	0.41	30.02	22.00	26.72	47.88	37.17	22.37	19.15	10.69	44.18
郑麦7698	12.33	12.06	2.20	33.93	30.33	10.61	53.85	31.00	42.43	22.45	11.01	50.96
矮抗58	14.00	12.85	8.21	33.40	32.33	3.20	50.74	41.54	18.13	23.73	16.98	28.45
周麦22	11.67	8.53	26.88	31.55	29.67	5.98	47.11	35.29	25.09	17.36	8.77	49.48
周麦26	13.00	11.90	8.48	31.87	22.00	30.97	50.83	35.32	30.51	21.07	9.32	55.77
周麦27	13.67	13.17	3.62	37.74	30.00	20.50	53.32	42.98	19.39	27.58	16.77	39.20
豫农211	12.00	6.33	47.23	26.95	21.00	22.09	53.04	44.22	16.63	17.25	5.84	66.14
豫麦49-198	15.00	8.30	44.67	30.57	21.00	31.30	49.39	41.22	16.55	22.64	7.22	68.11
平安8号	13.33	12.35	7.41	30.40	19.00	37.50	49.71	37.48	24.60	20.02	8.27	58.69
开麦21	12.33	7.61	38.30	35.95	27.00	24.90	57.48	36.18	37.06	25.42	7.05	72.27
衡冠35	12.67	6.62	47.75	32.72	26.33	19.52	53.50	37.79	29.36	22.07	6.52	70.46
西农979	12.00	7.85	34.59	29.03	22.33	23.07	46.40	26.20	43.53	16.20	4.41	72.78
平均值	12.9	10.07		32.01	25.25		51.10	37.20		21.25	9.40	

表 7-5   孕穗期低温处理对不同小麦品种产量及产量三要素的影响

品种	穗数			穗粒数			千粒重			产量		
	对照/(个/盆)	低温胁迫/(个/盆)	降幅/%	对照1(n)	低温胁迫(n)	降幅/%	对照/g	低温胁迫/g	降幅/%	对照/(g/盆)	低温胁迫/(g/盆)	降幅/%
郑麦366	13.33	11.67	12.50	30.02	15.15	49.54	47.88	43.67	8.79	19.15	7.72	59.69
郑麦7698	12.33	10.33	16.22	33.93	16.67	50.88	53.85	42.49	21.09	22.45	7.18	68.02
矮抗58	14.00	12.00	14.29	33.40	24.92	25.40	50.74	45.24	10.84	23.73	13.32	43.87
周麦22	11.67	10.33	11.43	31.55	17.35	45.00	47.11	39.31	16.56	17.36	7.06	59.33
周麦26	13.00	10.33	20.51	31.87	18.81	40.99	50.83	43.74	13.95	21.07	8.41	60.09
周麦27	13.67	10.00	26.83	37.74	26.73	29.16	53.32	44.02	17.44	27.58	11.81	57.18
豫农211	12.00	10.00	16.67	26.95	17.42	35.38	53.04	49.53	6.61	17.25	8.68	49.68
豫麦49-198	15.00	10.00	33.33	30.56	16.47	46.11	49.39	44.02	10.87	22.64	7.48	66.96

续表

品种	穗数			穗粒数			千粒重			产量		
	对照/(个/盆)	低温胁迫/(个/盆)	降幅/%	对照(n)	低温胁迫(n)	降幅/%	对照/g	低温胁迫/g	降幅/%	对照/(g/盆)	低温胁迫/(g/盆)	降幅/%
平安 8 号	13.33	10.33	22.50	30.40	14.53	52.19	49.71	40.56	18.41	20.02	6.15	69.28
开麦 21	12.33	8.67	29.73	35.95	24.37	32.22	57.48	45.74	20.42	25.42	9.66	62.00
衡冠 35	12.67	11.33	10.53	32.72	21.73	33.60	53.50	44.15	17.48	22.07	10.66	51.70
西农 979	12.00	9.67	19.44	29.03	21.03	27.55	46.40	39.29	15.32	16.20	8.00	50.62
平均值	12.94	10.39		32.01	19.60		51.10	43.48		21.25	8.84	

（2）小麦冻后修复试验实施效果分析

由表 7-6 可以看出小麦受冻后，株高、分蘖数、干物重、籽粒重均较正常对照处理降低。但采取修复措施后，冻后修复一、冻后修复二措施较低温对照的株高、干物重和籽粒重分别高出了 5.78%、20.97%，90.47%、99.64% 和 26.51%、17.46%。两种修复措施相比，冻后水肥同补措施对小麦株高和干物重的修复效果优于冻后补水处理，但对籽粒重的修复效果冻后补水措施优于水肥同步措施。

表 7-6　冻后措施修复对小麦株高、分蘖、干物重及籽粒重的影响

处理	株高/cm	每盆分蘖数	每盆干物重/g	每盆籽粒重/g
正常对照	59.67	11.67	24.67	11.00
低温对照	42.34	8.00	8.40	6.30
冻后修复一	44.79	6.67	16.00	7.97
冻后修复二	51.22	8.00	16.77	7.40

小麦受冻后补水、水肥同补措施均能降低干物重与籽粒损失，单就挽救籽粒损失来看，冻后补水措施效果最为明显，冻后水肥同补显著降低了株高和干物重的损失，但与冻后补水相比对籽粒损失的挽救效果不明显。这可能是由于该试验中小麦受冻程度不够，没有造成死蘖现象，补充灌水已经能够对冻害产生一定的减缓作用，且该试验中土壤养分含量的本底值较高，对于小麦生长和冻后修复来说养分不是制约因素，所以冻后补肥对籽粒的挽救效果并不明显。但如果在更强程度的冻害水平下，冻害可能造成死蘖现象，分蘖节可能发生新的分蘖。而冻后水肥同补存在增加小麦新生分蘖，从而具有挽救产量的可能性。

（3）驻马店大田冻害预防和冻后补救技术实施效果

由表 7-7 可知，与对照相比，预防和补救处理小麦穗数和籽粒产量均显著提高，穗数分别显著提高 129.27% 和 96.98%，产量分别显著提高 266.56% 和 130.58%。对比预防处理和补救处理发现，预防处理小麦穗数和籽粒产量均较补救处理显著提高，增幅分别为 16.39% 和 58.97%。穗粒数和千粒重在 3 个处理之间无显著差异。综上，采取预防和补救处理能够有效地保持小麦群体，从而挽救产量，且预防措施的效果优于补救措施。

表 7-7　不同处理小麦产量及其构成因素

处理	穗数/（10^4/hm^2）	穗粒数	千粒重/g	产量/（kg/hm^2）	较对照增产/%
对照	177.89	46.29	36.31	1949.22	
预防	407.85	55.55	40.84	7145.10	266.56
补救	350.41	53.37	37.27	4494.52	130.58

（4）商丘和周口地区春季冻害对小麦生长的影响分析

胡新等（2014）和武永峰等（2014）以国审矮抗 58 小麦品种为研究对象，考察其 100 个田间样点在 2013 年 4 月 7 日、10 日和 21 日发生的 3 次自然霜冻过程中的冻害状况。结果表明，每百穗中各级冻害穗数、穗粒数和实际籽粒重均显著低于未受冻穗（$P<0.01$）。冻害级别越高，穗粒数和实际籽粒重越低，穗数呈先显著降低后小幅回升的变化态势，千粒重先显著增加而后降低（$P<0.01$）。随着冻害级别提高，每百穗中穗数、穗粒数、千粒重和实际籽粒重分别呈上开口抛物线型、线性函数型、下开口抛物线型和幂函数型降低趋势；残穗指数越大，每平方米内穗数和实际产量越低，二者分别呈幂函数型和线性函数型特点。死穗率是影响穗数的关键因子，呈负效应。影响实际产量的因子是残穗指数、死穗率和残穗率，3 个因子均呈负效应，值越大，实际产量越低，其中残穗指数的影响最大（直接通径系数为–0.453）。影响减产率的因子为死穗率、残穗率和残穗指数，3 个因子均为正效应，值越大，减产率越高，其中死穗率的影响最大（直接通径系数为0.626）。晚霜冻害具有显著的正空间自相关特性，冻害程度相近的样点在局域空间上呈集聚分布状态；在所有冻害评价指标中，减产率的空间集聚性最强（Moran's I=0.5538）。冻害分区结果表明，随着冻害程度加深，穗数和实际产量显著降低（$P<0.05$）；死穗率增幅最大（达 271.3%），其次是残穗率和残穗指数（分别为 36.4%和 31.8%），它们共同成为导致减产率大幅攀升（增幅达 132.1%）的因素；冻害程度最重的区域几乎连片分布，空间集聚性明显。小麦发育进程和返青期土壤养分的空间差异明显，与晚霜冻害具有一定空间关联性。土壤全氮、水解氮、速效磷、速效钾和有机质等与冻害指标之间达显著负相关（$P<0.05$），随着前期土壤养分含量降低，冻害程度呈加重趋势。并且，前期持续干旱使得土壤含水量迅速下降，进一步加重了晚霜冻害的影响程度。

高艳等（2015）以 45 个冬小麦品种（系）为材料，室内模拟倒春寒的发生，调查和分析不同倒春寒处理后冬小麦株高、有效穗数、生物产量、籽粒产量等性状的变化。结果表明，随着低温处理时间的推迟和次数的增加，抽穗期均值相应递延 1 天。早期（3 月初即拔节期）和晚期（4 月初即孕穗期）发生的倒春寒都会造成产量不同程度下降，以早期倒春寒影响更为严重，产量降幅达 19.9%，而晚期倒春寒使产量降低 8.9%。发生两次倒春寒时减产效应累加，产量分别较对照、早期倒春寒和晚期倒春寒降低28.3%、10.6%和 21.4%。早期倒春寒的减产作用主要是因为穗数降低，而晚期倒春寒主要是因为穗粒数降低。周麦 23 号由于其春季晚发快长特性，受倒春寒的影响较小。因此，建议在新品种选育时，应注意减少选择冬季表现为半冬性而春季表现为早发快长的弱冬性品系，以减轻倒春寒的危害。

7.2.4　干热风

1. 实施情况

围绕北方小麦生育后期高温、干旱和干热风等主要灾害因子，研究高温对小麦产量及产量构成因素的影响。

（1）抗高温品种筛选

采用盆栽和气候箱处理结合的方式，对河南省主推的 15 个小麦品种花后不同时段高温（花后 10 天和 20 天，38℃高温处理 2 天）的耐性进行筛选，以粒重和产量的降幅为指标，采用欧式最短距离聚类方法进行分析。

（2）花后高温、干旱及其复合胁迫对小麦的影响

选用河南主推的强筋小麦品种郑麦 366 和弱筋小麦品种洛麦 4 为材料，设置 4 个处理组合：W0T0 表示对照；W0T1 表示高温处理；W1T0 表示干旱处理；W1T1 表示高温干旱互作。高温处理同上，干旱处理在遮雨条件下于高温处理前 7 天开始，干旱处理在高温处理结束后恢复正常供水。

2. 效果分析

（1）抗高温品种筛选

以粒重和产量的降幅为指标，采用欧式最短距离聚类方法进行分析，将 15 个参试品种分成 5 类。发现高温处理后，以矮抗 58、豫麦 49-198、郑麦 366、新麦 19、偃展 4110、洛旱 2 号耐高温能力较强，粒重和产量平均降幅分别为 27.0%和 20.0%（归为第 1 类），而以豫麦 70-36、豫农 949 和洛旱 6 号的抗高温胁迫的能力最差，其粒重平均降幅达 27.8%，产量降幅达 35.3%，归为第 5 类。

（2）花后高温、干旱及复合胁迫对小麦的影响

1）花后高温、干旱及复合胁迫对小麦千粒重的影响

如图 7-5 所示，花后高温、干旱及复合胁迫条件下，郑麦 366 千粒重均显著下降，

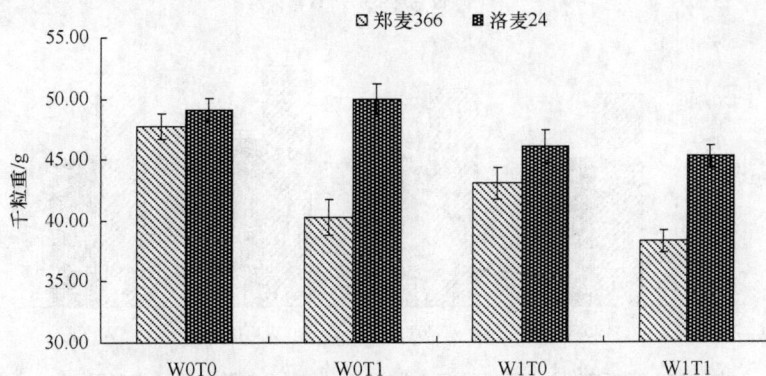

图 7-5　花后高温、干旱及复合胁迫对小麦千粒重的影响
W0T0. 对照；W0T1. 高温处理；W1T0. 干旱处理；W1T1. 高温干旱复合胁迫处理（下同）

与对照相比，分别降低 15.6%、9.8%和 19.8%，表明郑麦 366 千粒重更易受高温胁迫的影响，高温干旱复合胁迫具有显著的叠加效应。花后高温胁迫条件下，洛麦 24 的千粒重与对照差异不显著，干旱胁迫处理比对照降低 6.2%，高温干旱复合胁迫处理比对照降低 7.8%，表明洛麦 24 千粒重对干旱胁迫更敏感，高温干旱复合胁迫表现出互作效应。两品种比较，强筋小麦郑麦 366 千粒重更易受高温干旱逆境胁迫的影响。

2）花后高温、干旱及复合胁迫对小麦籽粒总淀粉含量的影响

花后高温、干旱及复合胁迫均使两品种小麦籽粒总淀粉含量显著降低（图 7-6），郑麦 366 和洛麦 24 籽粒总淀粉含量分别下降 2.0%、0.8%、3.5%和 2.3%、1.5%、3.2%。

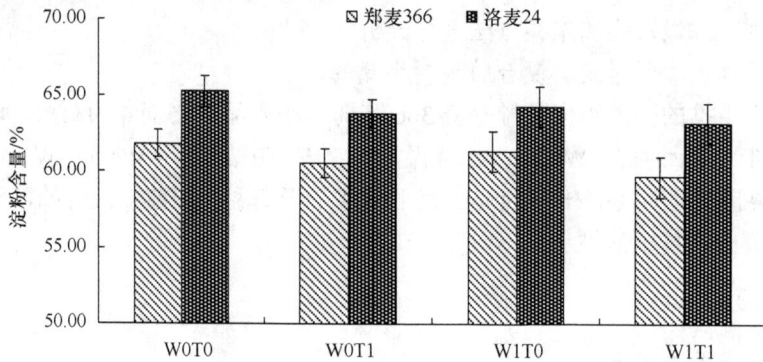

图 7-6　花后高温、干旱及复合胁迫对小麦籽粒淀粉含量的影响

3）花后高温、干旱及复合胁迫对小麦籽粒蛋白质含量的影响

花后高温、干旱及复合胁迫均提高郑麦 366 籽粒蛋白质含量（图 7-7），与对照比较，分别增加 1.5%、7.1%和 5.6%。干旱胁迫使洛麦 24 籽粒蛋白质含量较对照增加 5.5%，而高温胁迫下较对照减少 2.6%。不同处理间比较，干旱胁迫对小麦籽粒蛋白质含量的影响较大，高温干旱复合胁迫具有互作效应。两个品种相比，强筋小麦郑麦 366 对高温干旱逆境胁迫更敏感。

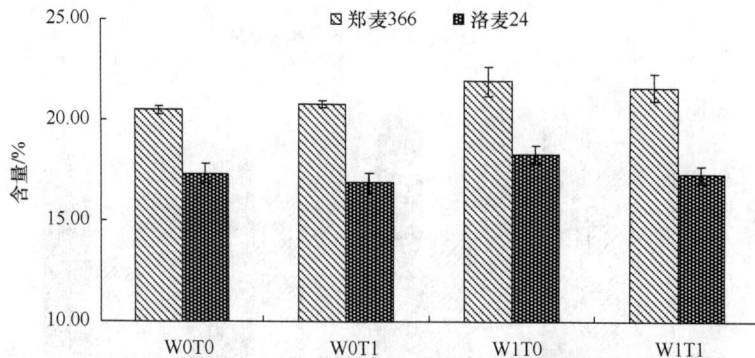

图 7-7　花后高温、干旱及复合胁迫对小麦籽粒蛋白质含量的影响

7.3 不同感温性品种区域适应性适应技术示范与效果分析

7.3.1 实施情况

分别在 2014 年和 2015 年连续 2 年在信阳、郑州、安阳 3 个点布置试验。

试验采取裂区设计。播期为主区，设 10 月 7 日（Ⅰ）、10 月 14 日（Ⅱ）、10 月 21 日（Ⅲ）、10 月 28 日（Ⅳ）、11 月 4 日（Ⅴ）和 11 月 11 日（Ⅵ）共 6 个播期；品种为副区，共有弱春性品种郑麦 9023、04 中 36 和西农 979（偏春性品种），半冬性品种豫农 211、周麦 22 和矮抗 58。小区面积 7.2 m²，3 次重复，播量为 150 kg/hm²，行距为 20 cm。基肥施复合肥 700 kg/hm²，拔节期追施尿素 240 kg/hm²，其他管理措施同一般高产田。其中 2014/2015 年度安阳地区在 11 月 4 日（Ⅴ）和 11 月 11 日（Ⅵ）两个播期未进行播种，信阳地区由于天气原因错过 10 月 7 日（Ⅰ），其余播期正常进行播种，2015/2016 年度三个纬度地区 6 个播期全部正常播种。成熟期测产、考种。

7.3.2 效果分析

（1）播期对安阳小麦产量和产量构成的影响

从表 7-8 中可以发现，在安阳地区，2014/2015 年度小麦的产量明显低于 2015/2016 年度，但是穗数则是 2014/2015 年度高于 2015/2016 年度，千粒重则是 2014/2015 年度低于 2015/2016 年度。随着播期推迟，籽粒产量基本呈现下降的趋势，产量构成因素中的千粒重和穗数与产量的变化趋势基本一致；弱春性品种的穗粒数在 2014/2015 年度随播期后移出现降低，其他的则是呈现先升高后降低的趋势。不同品种类型相比，半冬性品种产量明显高于弱春性品种，两个年度中半冬性品种较弱春性品种产量平均高出 15.6% 和 8.1%；两个品种类型的穗数相比，弱春性品种稍高于半冬性品种，但是千粒重则是半冬性品种要高于弱春性品种，穗粒数则是两类品种基本一致。在 2014/2015 年度，两类品种产量最高值都出现在 10 月 07 日（Ⅰ），产量分别为 7472.0kg/hm² 和 8523.8kg/hm²；在 2015/2016 年度，两类品种产量最高值都出现在 10 月 14 日（Ⅱ），产量分别为 8311.3kg/hm² 和 9331.6kg/hm²。因此在安阳地区，半冬性小麦品种产量更高，更适于种植，其适播期应在 10 月 7～14 日。

表 7-8 安阳不同年度播期下不同品种类型小麦实收产量及产量构成因素

品种	播期（月-日）	2014/2015 年度				2015/2016 年度			
		产量/（kg/hm²）	穗数/（10⁴/hm²）	穗粒数（n）	千粒重/g	产量/（kg/hm²）	穗数/（10⁴/hm²）	穗粒数（n）	千粒重/g
弱春性	10-07（Ⅰ）	7472.0	620.3	40.1	46.8	7470.7	590.4	33.3	44.3
	10-14（Ⅱ）	6990.8	728.5	38.2	46.1	8311.3	571.7	36.7	47.5
	10-21（Ⅲ）	6784.8	680.3	40.4	45.5	8018.9	478.8	36.8	47.1
	10-28（Ⅳ）	6566.0	677.3	38.4	42.8	7708.9	495.0	36.3	47.1
	11-04（Ⅴ）	—	—	—	—	7460.5	472.1	35.0	45.7
	11-11（Ⅵ）	—	—	—	—	7250.4	458.3	33.7	44.9

品种	播期 （月-日）	2014/2015 年度				2015/2016 年度			
		产量 /（kg/hm²）	穗数 /（10⁴/hm²）	穗粒数 （n）	千粒重 /g	产量 /（kg/hm²）	穗数 /（10⁴/hm²）	穗粒数 （n）	千粒重 /g
半冬性	10-07（Ⅰ）	8523.8	712.5	37.9	48.0	8446.3	536.3	35.2	48.2
	10-14（Ⅱ）	8191.5	705.0	38.1	47.6	9331.6	531.7	37.7	50.4
	10-21（Ⅲ）	8246.3	669.8	38.0	45.2	8614.8	530.4	37.9	50.5
	10-28（Ⅳ）	7189.8	575.3	39.1	44.6	8281.7	492.1	34.4	48.9
	11-04（Ⅴ）	—	—	—	—	8077.0	463.3	33.3	48.3
	11-11（Ⅵ）	—	—	—	—	7235.8	400.4	33.6	46.6

（2）播期对郑州小麦产量和产量构成的影响

在郑州地区播期处理对不同类型小麦品种的产量及其构成因素有显著的影响。表 7-9 表明，播期过早或过晚都会造成产量的显著下降，同时产量构成因素也会因为播期的提前或推后呈现下降趋势。不同品种类型相比，半冬性品种的产量、穗粒数以及千粒重明显高于弱春性品种，但是穗数则相反。年度间相比，2014/2015 年度弱春性品种产量、穗粒数以及千粒重均低于 2015/2016 年度，穗数高于 2015/2016 年度；半冬性品种是 2014/2015 年度的产量、穗数和千粒重均高于 2015/2016 年度，穗粒数低于 2015/2016 年度。2014/2015 年度弱春性品种在 10 月 28 日（Ⅳ）产量最高，其产量为 7146.0 kg/hm²，半冬性品种在 10 月 14 日（Ⅱ）产量最高，产量为 8843.0 kg/hm²；2015/2016 年度弱春性品种在 10 月 21 日（Ⅲ）产量最高，产量为 7875.6 kg/hm²；半冬性品种在 10 月 21 日（Ⅲ）产量最高，产量为 8375.0 kg/hm²。在 2014/2015 年度由于发生极端天气导致弱春性品种前 3 个播期全部倒伏。在郑州地区半冬性品种产量明显高于弱春性品种，其适播期应该在 10 月 14～21 日。

表 7-9 郑州不同年度播期下不同品种类型小麦实收产量及产量构成因素

品种	播期 （月-日）	2014/2015 年度				2015/2016 年度			
		产量 /（kg/hm²）	穗数 /（10⁴/hm²）	穗粒数 （n）	千粒重 /g	产量 /（kg/hm²）	穗数 /（10⁴/hm²）	穗粒数 （n）	千粒重 /g
弱春性	10-07（Ⅰ）	4073.0	—	35.2	37.1	6332.9	553.3	37.0	42.8
	10-14（Ⅱ）	4624.8	—	37.5	38.5	6658.3	561.7	39.8	45.1
	10-21（Ⅲ）	5389.5	—	39.0	39.5	7875.6	487.1	36.8	46.7
	10-28（Ⅳ）	7146.0	707.3	37.9	41.2	7122.3	514.6	37.5	44.9
	11-04（Ⅴ）	6443.5	700.5	38.5	38.3	7306.3	415.0	38.5	42.2
	11-11（Ⅵ）	6165.8	671.3	37.1	39.1	6911.7	344.6	34.9	41.1
半冬性	10-07（Ⅰ）	8370.5	579.0	39.8	45.0	6748.8	451.2	36.8	43.2
	10-14（Ⅱ）	8843.0	646.0	39.7	46.7	8242.9	520.0	39.4	45.7
	10-21（Ⅲ）	8499.0	649.5	37.3	47.5	8375.0	467.9	40.9	45.7
	10-28（Ⅳ）	7985.5	548.8	36.2	47.8	7971.9	475.0	39.1	45.5
	11-04（Ⅴ）	7639.8	599.8	36.0	46.5	7270.5	429.6	37.3	44.3
	11-11（Ⅵ）	7109.3	584.7	36.7	46.9	7137.5	330.4	35.5	43.3

（3）播期对信阳小麦产量及构成因素的影响

在信阳地区，从表 7-10 可以明显看出，随着播期的推迟，产量、穗粒数和千粒重呈现先上升后下降的趋势；穗数呈现出显著的下降趋势。不同年度间相比，2015/2016 年度产量明显高于 2014/2015 年度，相同播期年度间的产量差异随着播期的后移逐渐下降，穗数、穗粒数和千粒重均为 2015/2016 年度高于 2014/2015 年度。品种类型间相比，弱春性品种的产量、穗数以及千粒重均高于半冬性品种，穗粒数则是在 2014/2015 年度为弱春性品种高于半冬性品种，在 2015/2016 年度为半冬性品种高于弱春性品种。在 2014/2015 年度，两类品种产量的最高值都出现在 10 月 28 日（Ⅳ），产量分别为 5035.8 kg/hm² 和 4626.0 kg/hm²；在 2015/2016 年度两类品种产量的最高值均出现在 10 月 21 日（Ⅲ），产量分别为 6092.1 kg/hm² 和 6218.8 kg/hm²。因此在信阳地区小麦适播期应在 10 月 21～28 日。

表 7-10　信阳不同年度播期下不同品种类型小麦实收产量及产量构成因素

品种	播期 （月-日）	2014/2015 年度				2015/2016 年度			
		产量 /（kg/hm²）	穗数 /（10⁴/hm²）	穗粒数 （n）	千粒重 /g	产量 /（kg/hm²）	穗数 /（10⁴/hm²）	穗粒数 （n）	千粒重 /g
弱春性	10-07（Ⅰ）	—	—	—	—	5243.8	432.9	33.2	42.6
	10-14（Ⅱ）	3509.3	388.8	35.0	36.1	5930.0	489.6	33.9	44.1
	10-21（Ⅲ）	4053.5	357.0	35.5	40.0	6092.1	424.2	35.7	45.8
	10-28（Ⅳ）	5035.8	325.8	35.6	40.9	4829.2	397.5	36.9	43.5
	11-04（Ⅴ）	3858.8	306.8	33.5	36.4	3838.8	375.8	31.7	43.1
	11-11（Ⅵ）	3644.3	272.3	34.8	35.5	3132.1	304.2	27.6	42.3
半冬性	10-07（Ⅰ）	—	—	—	—	3525.0	507.9	34.8	43.0
	10-14（Ⅱ）	3019.8	384.5	34.3	34.5	5213.3	458.7	37.6	42.9
	10-21（Ⅲ）	3412.5	340.5	33.6	36.3	6218.8	398.7	37.9	45.3
	10-28（Ⅳ）	4626.0	341.5	36.5	41.1	3748.8	340.4	32.5	42.3
	11-04（Ⅴ）	3454.5	324.8	28.2	36.3	3472.9	290.4	29.5	40.7
	11-11（Ⅵ）	2811.8	271.5	26.9	35.4	3000.0	281.3	27.2	39.8

随着纬度的增加，冬季气温和小麦冬前积温呈现下降的趋势，小麦生育期时间随纬度的增加而增加，纬度每增加 1°，全生育期时间增长 3～5 天，产量也随之提高；小麦适播期时间随之前移。随着播期推迟，早播或晚播产量都低于适播期产量。信阳地区和郑州地区小麦产量都随播期的推迟呈现先升后降的趋势，在安阳地区，早播能够获得较高的产量。半冬性品种产量明显高于弱春性品种。在安阳地区小麦适播期应在 10 月 7～14 日，在郑州地区小麦适播期应在 10 月 14～21 日，信阳地区小麦适播期应在 10 月 21～28 日。

7.4 水肥调控适应技术示范与效果分析

7.4.1 实施情况

1. 土壤库容提升技术

试验在河南农业大学郑州科教园区进行，设 3 个处理：①旋耕；②旋耕+促根剂；③深耕（30 cm），供试品种为豫麦 49-198。玉米秸秆全量还田。其他管理如一般高产田。

2. 节水灌溉技术

试验于 2011～2012 年在河南农业大学郑州科教园区进行，供试品种为豫麦 49-198。试验地土壤有机质 9.3 g/kg，全氮 0.63 g/kg，速效磷 34.3 mg/kg，速效钾 87.5 mg/kg。共设 4 个处理：对照（CK）为地面灌溉（750 m^3/hm^2）、T_1 为喷灌减量 45%（412.5 m^3/hm^2）、T_2 为喷灌减量 30%（525 m^3/hm^2）、T_3 为喷灌减量 15%（637.5 m^3/hm^2），试验采用长 30 m×宽 11 m 的大区，3 次重复。喷灌和漫灌处理在冬小麦拔节期追肥后进行，开沟追施尿素，折合纯氮 120 kg/hm^2。

7.4.2 效果分析

1. 土壤库容提升技术实施效果

试验的产量结果列于表 7-11，如表中所示，常规旋耕产量为 7882.5 kg/hm^2，促根剂和深耕均能增加产量，其中以深耕产量增加幅度大。其原理可能是促进了根系的发育，提高了对深层次养分和水分的利用，提高了抵御外界环境变化的能力。

表 7-11　不同处理下产量及其构成因素

处理	穗数/（10^4/hm^2）	穗粒数（n）	千粒重/g	理论产量/（kg/hm^2）
旋耕	625.1	33.8	43.9	7882.5
旋耕+促根剂	662.9	35.3	42.3	8412.0
深耕 30 cm	586.4	37.7	45.1	8470.5

2. 节水灌溉技术实施效果

与传统漫灌相比，低压喷灌不仅显著节约了灌溉用水量，而且独特的水分渗入形式能降低土壤紧实度，增加其通透性，显著改善了漫灌所造成的土壤板结，土壤紧实度的大小在处理间表现为 CK>T_3>T_2>T_1（数据未列出）。由图 7-8 可见，在拔节期喷灌处理后的生育时期内冬小麦干物质的积累发生变化，随生育期的进程干物质积累量逐渐增加，处理间从灌水处理后的拔节后期就开始出现差异，并且整个处理后的生育期内以喷灌处理 T_3 干物质积累量最大。处理间呈现 T_3>T_2>T_1>CK。除拔节期末和成熟期外的其他生育期内，T_1 和 T_2 差异显著；除成熟期外的所有时期内，T_1 和 T_3 差异显著，T_1 和 CK 差异均不显著。由 3 个喷灌处理间可见，随着喷灌灌水量的减少，地面干物质的积累量也在减少。

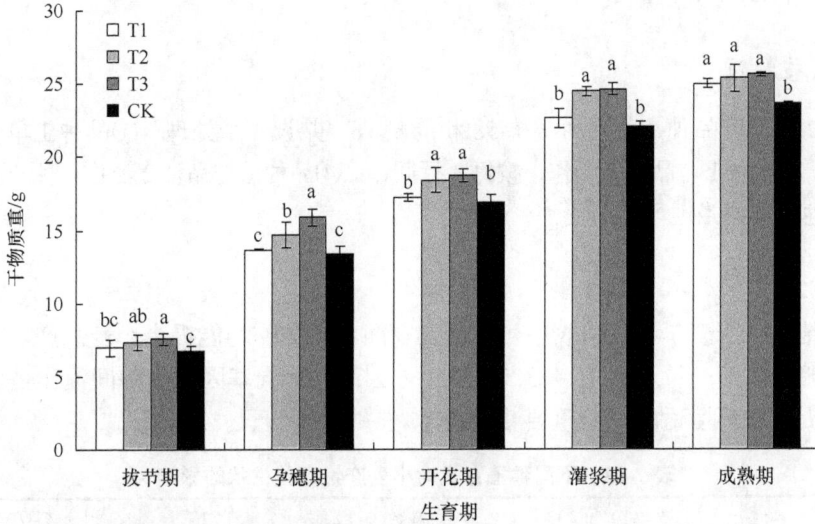

图 7-8　喷灌和漫灌对 10 株冬小麦干物质积累的影响

如表 7-12 所示，喷灌对穗数和穗粒数的影响较小，对千粒重的影响较大，各处理间千粒重的大小为 $T_3 > T_2 > T_1 > CK$，CK 和 T_1、T_2、T_3 差异达显著水平。喷灌处理产量高于传统地面灌溉，表现为 $T_3 > T_2 > T_1 > CK$。水分利用效率和氮素偏生产力均以 T_3 最高，处理间表现为 $T_3 > T_2 > T_1 > CK$。低压喷灌显著提高了冬小麦叶绿素含量，明显延缓中后期旗叶衰老速度；增大了叶片叶绿素荧光 Fv/Fm 和 Qp，提高 PS II 反应中心的光能转化效率和开放比例，增强光合电子的传递能力；净光合速率显著提高，细胞间 CO_2 浓度减少，蒸腾速率和气孔导度降低（数据未列出）；植株的干物质积累显著高于漫灌，其中 T_3 的光合速率和干物质积累最高。

表 7-12　不同灌溉方式下小麦的产量及产量构成因素、水分利用效率和氮素偏生产力

处理	穗粒数 (n)	穗数 /（$10^4/hm^2$）	千粒重 /g	产量 /（kg/hm^2）	水分利用效率 /（kg/m^3）	氮素偏生产力 /（kg/kg）
T_1	37.44±0.66	740.01±8.26	44.58±0.61	7456.30±240.94	1.61±0.03	38.24±0.40
T_2	37.73±0.32	732.50±7.40	45.09±0.17	7764.60±67.13	1.64±0.04	39.82±0.90
T_3	38.63±0.26	732.21±2.60	45.44±0.19	7849.10±120.32	1.67±0.03	40.25±0.98
CK	38.24±0.87	735.13±3.97	42.98±0.45	7389.50±108.29	1.53±0.04	37.89±0.41

最终产量表现为，低压喷灌显著提高冬小麦千粒重，处理间大小为 $T_3 > T_2 > T_1 > CK$，低压喷灌获得高于地面漫灌的产量，低压喷灌处理下的水氮利用效率均有不同程度增加。在本试验条件下，低压喷灌减量 15% 的处理小麦产量及水氮利用效率最高，水氮损失最少。

7.5   其他适应技术示范与效果分析

7.5.1   品种的间作和混作

1. 实施情况

选用 2 个小麦品种，分别为矮抗 58 和周麦 16，共设 4 个处理：①品种 1 单作；②品种 2 单作；③品种 1 与品种 2 间作，按每 3 行间作；④品种 1 与品种 2 混作，种子量按 1∶1 混播。其他管理同当地习惯。

2. 效果分析

产量结果列于表 7-13，从表中可以看出，间作和混作均能提高小麦总产，其中以混作产量增幅最大，产量达到 10 423.5 kg/hm^2。因此，不同基因型品种间混作是提高冬小麦产量、提高对环境适应力的重要栽培技术。

表 7-13   不同种植方式对小麦产量相关性状的影响

处理	穗数/（10^4/hm^2）	穗粒数/（n）	千粒重/g	理论产量/（kg/hm^2）
①周麦 16	629.6	30.0	57.3	9 204.0
②矮抗 58	622.8	32.6	50.7	8 746.5
③周麦 16‖矮抗 58	617.4	33.1	55.9	9 711.0
④周麦 16×矮抗 58	665.3	34.9	52.8	10 423.5

7.5.2   化学调控

1. 喷施 α-酮戊二酸

（1）实施情况

试验于 2010～2011 年在河南农业大学科教园区试验田进行。以矮抗 58 为材料，采用二因素裂区设计，主区为水分，设 2 个处理：正常，干旱，正常与干旱处理之间设置 2 m 的隔离带。副区为 α-酮戊二酸处理，设 5 个施用浓度：CK（CK1 为正常对照，CK2 为干旱对照）、0 mmol/L（只喷施清水）、2.5 mmol/L、 5 mmol/L、7.5 mmol/L。于 4 月 13 日（挑旗期）喷施，喷施前正常灌水处理下土壤相对含水量为 70%～75%，干旱处理下相对含水量为 45%～50%。喷施溶液中加入吐温-20（0.05%）以增加其与植株的接触面积，喷施标准是喷施均匀，不下滴。小区面积为 3 m×5 m=15 m^2，3 次重复。10 月 17 日播种，6 月 7 日收获，其他管理同一般大田。

（2）效果分析

结果如表 7-14 所示，在不同灌水处理下，施用不同浓度α-酮戊二酸使小麦产量比对照平均提高了 1.6%～12.7%；不同浓度α-酮戊二酸处理下，浓度 5 mmol/L 下小麦的产量均显著高于对照，其他浓度整体表现为 2.5 mmol/L＞7.5 mmol/L＞0 mmol/L＞CK；分析产量三要素可知，不同浓度α-酮戊二酸处理对小麦穗数及穗粒数无显著影响，千粒重较对照显著增加，整体趋势与产量表现基本一致。

表 7-14　α-酮戊二酸对干旱胁迫下小麦产量及其构成因素的影响

处理	浓度/（mmol/L）	穗数/（10^4/hm²）	穗粒数（n）	千粒重/g	产量/（kg/hm²）
正常	CK1	786.33	29.97	39.11	7829.27
	0	710.50	31.52	41.96	7955.48
	2.5	750.83	31.96	42.57	8667.24
	5.0	729.67	31.74	44.50	8747.80
	7.5	807.67	31.10	39.10	8318.49
干旱	CK2	847.50	26.40	34.30	6520.31
	0	801.50	27.46	35.70	6645.37
	2.5	790.50	27.63	38.65	7169.64
	5.0	769.33	28.85	39.00	7347.04
	7.5	767.33	28.46	37.10	6868.00

2. 喷施锌肥

（1）实施情况

试验于河南省郑州市惠济区堤湾村中进行，供试小麦材料为豫农 211。2014 年 10 月 18 日播种，播种量 150 kg/hm²，底施复合肥 90 kg/hm²。采用随机排列试验设计，设 4 个锌肥处理，即不施锌肥（Zn0）、10 kg/hm² 锌肥（Zn1）、30 kg/hm² 锌肥（Zn2）、50 kg/hm² 锌肥（Zn3），方法是在拔节期用 $ZnSO_4·7H_2O$ 配成 0.4%溶液，在晴朗无风的傍晚叶面喷施，隔 2 天喷施一次，共 2 次；灌浆期用 $ZnSO_4·7H_2O$ 配成 0.2%溶液，在晴朗无风的傍晚叶面喷施一次。田间除草和植保措施按高产田管理要求进行。

（2）效果分析

由表 7-15 可知，喷施锌肥后冬小麦穗数、穗粒数、千粒重、产量均高于对照，且差异达到显著水平，其增幅分别为 Zn1：5.53%、21.05%、4.30%、6.00%；Zn2：17.70%、21.05%、5.18%、5.38%；Zn3：6.92%、13.45%、1.48%、3.84%。说明喷施锌肥能够有效提高小麦产量及其相关性状，并且喷施剂量为 30 kg/hm² 时效果较为稳定。

表 7-15　不同施锌量对小麦产量及其构成因素的影响

处理	穗数/（10^4/hm²）	穗粒数（n）	千粒重/g	产量/（kg/hm²）
Zn0	650.0	34.2	47.44	8764.7
Zn1	686.0	41.4	49.48	9291.2
Zn2	765.0	41.4	49.9	9236.4
Zn3	695.0	38.8	48.14	9101.3

参 考 文 献

高艳，唐建卫，殷贵鸿，等. 2015. 倒春寒发生时期和次数对冬小麦产量性状的影响. 麦类作物学报，

35(5): 687-692.

胡新, 任德超, 倪永静, 等. 2014. 冬小麦籽粒产量及其构成要素随晚霜冻害变化规律研究. 中国农业气象, 35(5): 575- 580.

武永峰, 胡新, 钟秀丽, 等. 2014. 农田尺度下冬小麦晚霜冻害空间差异及原因分析. 中国农业科学, 47(21): 4246-4256.

Ownley B H, Weller D M, Thomashow L S. 1992. Influence of *in situ* and *in vitro* pH on suppression of *Gaeumannomyces graminis* var. *tritici* by Pseudomonas fluorescens 2-79. Phytopathology, 82(2): 178-184.